密探
沉没龙宫的
宝藏
★★★ 主编◎王子安 ★★★
U0312649
汕頭大學出版社

图书在版编目（CIP）数据

密探沉没龙宫的宝藏 / 王子安主编. -- 汕头 : 汕头大学出版社，2012.5（2024.1重印）

ISBN 978-7-5658-0790-9

Ⅰ. ①密… Ⅱ. ①王… Ⅲ. ①海底－普及读物 Ⅳ. ①P737.2-49

中国版本图书馆CIP数据核字(2012)第097789号

密探沉没龙宫的宝藏 MITAN CHENMO LONGGONG DE BAOZANG

主　　编：王子安
责任编辑：胡开祥
责任技编：黄东生
封面设计：君阅书装
出版发行：汕头大学出版社
　　　　　广东省汕头市汕头大学内　邮编：515063
电　　话：0754-82904613
印　　刷：唐山楠萍印务有限公司
开　　本：710 mm×1000 mm　1/16
印　　张：12
字　　数：68千字
版　　次：2012年5月第1版
印　　次：2024年1月第2次印刷
定　　价：55.00元
ISBN 978-7-5658-0790-9

前　言

这是一部揭示奥秘、展现多彩世界的知识书籍，是一部面向广大青少年的科普读物。这里有几十亿年的生物奇观，有浩淼无垠的太空探索，有引人遐想的史前文明，有绚烂至极的鲜花王国，有动人心魄的考古发现，有令人难解的海底宝藏，有金戈铁马的兵家猎秘，有绚丽多彩的文化奇观，有源远流长的中医百科，有侏罗纪时代的霸者演变，有神秘莫测的天外来客，有千姿百态的动植物猎手，有关乎人生的健康秘籍等，涉足多个领域，勾勒出了趣味横生的“趣味百科”。当人类漫步在既充满生机活力又诡谲神秘的地球时，面对浩瀚的奇观，无穷的变化，惨烈的动荡，或惊诧，或敬畏，或高歌，或搏击，或求索……无数的探寻、奋斗、征战，带来了无数的胜利和失败。生与死，血与火，悲与欢的洗礼，启迪着人类的成长，壮美着人生的绚丽，更使人类艰难执着地走上了无穷无尽的生存、发展、探索之路。仰头苍天的无垠宇宙之谜，俯首脚下的神奇地球之谜，伴随周围的密集生物之谜，令年轻的人类迷茫、感叹、崇拜、思索，力图走出无为，揭示本原，找出那奥秘的钥匙，打开那万象之谜。

海底宝藏，它们有的是一个国家或者一个家族千年的积累，有的是一个人经过一生探寻得到的回报，有的是考古学家意外的发现。每个宝藏都是个极富传奇色彩的故事。

从哥伦布远涉重洋、神游美洲寻宝探险以来，寻宝这一刺激冒险活动成了一种时髦。那些掉落海底的宝藏，曾激起人类无限的贪欲和敬畏，它到底沉睡在哪个地方，竟有人为之穷其一生都在追寻？意外发现宝藏是所有寻宝者的梦想，有的人穷其一生都在追寻。然而，不是所有人的寻宝梦都可能实现。有的人为之倾家荡产，有的人甚至为之付出了生命，最终也一无所获……

《密探沉没龙宫的宝藏》一书共分为五章，第一章介绍了沉入海底的几大宝藏带，如波罗的海海底宝藏、纳米比亚沉船宝藏等；第二章则揭秘了沉船宝藏的未解之谜；第三章则是介绍了沉船宝藏的大发现；第四章则是探寻未被发现的水底宝藏；第五章介绍了宝藏与海盗之间的关联。本书是一本集知识性、趣味性、愉悦性为一身的龙宫寻宝，在严肃而充满趣味的探索中，再现了历史的丰富和变幻，读者定会从中获得思考与发现的乐趣。

此外，本书为了迎合广大青少年读者的阅读兴趣，还配有相应的图文解说与介绍，再加上简约、独具一格的版式设计，以及多元素色彩的内容编排，使本书的内容更加生动化、更有吸引力，使本来生趣盎然的知识内容变得更加新鲜亮丽，从而提高了读者在阅读时的感官效果。

由于时间仓促，水平有限，错误和疏漏之处在所难免，敬请读者提出宝贵意见。

2012年5月

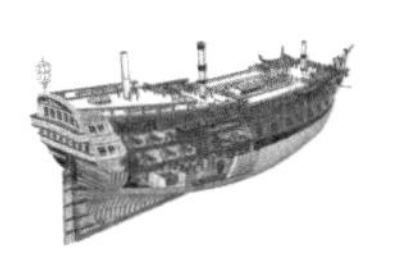

目录 / CONTENTS

第一章 封沉海底的宝藏

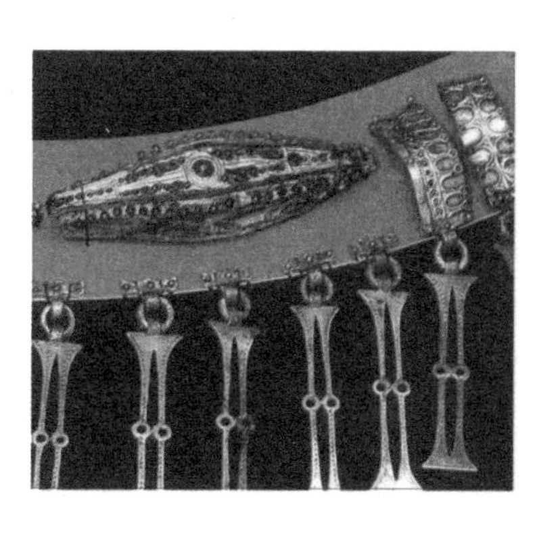

第二章 沉船宝藏未解之谜

第三章 沉船宝藏大发现

第四章 探寻未出水的宝藏

第五章 著名海盗宝藏篇

第一章

封沉海底的宝藏

人类与财富的关系从来就是不可分离的，人类不断创造着财富，财富同时又推动人类前进。人类发展的历史同时也是积累财富的历史。生产力的提高、社会形式的变迁、人们对精神生活的追求和思想境界的不断升华，但是无一不和财富的积累有关系。

不过，在历史的过往里，也有一部分财富因为各种各样的原因停驻在时间隧道里，它们或者被深埋在地下，或者被故意隐藏，或者被秘密收藏，成为富有神秘色彩的宝藏。

意外发现宝藏大概是所有人的梦想，无数文艺作品以寻宝为题材而引人入胜。本章将为大家介绍世界各地发生的海底宝藏，它们有的是一个国家或者一个家族千年的积累，有的是一个人经过一生探寻得到的回报，有的是考古学家意外的发现。每个宝藏都是一个极富传奇色彩的故事。

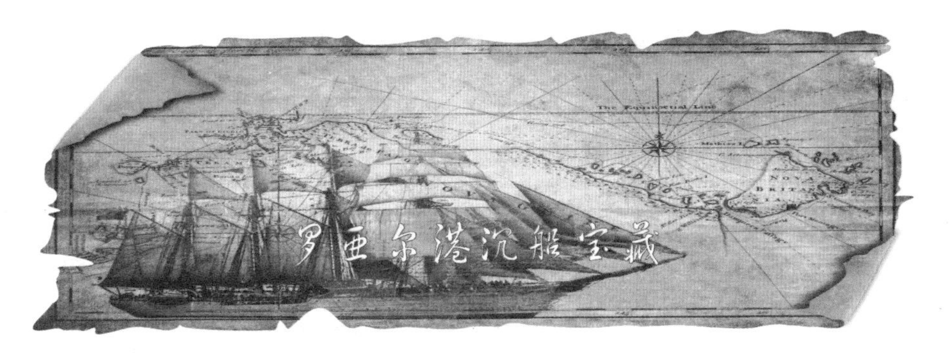

在16世纪的时候，中、南美洲是西班牙的天下，殖民强盗搜刮了大量金银财宝，一船船运回欧洲。在入侵西半球方面，英国落后西班牙一步，除了控制北美洲北部地区以外，很难染指西班牙的势力范围。心理不平衡的英国嫉妒西班牙抢到的巨额财富，就怂恿海盗专门袭击西班牙的船只，并为之提供庇护所。与此同

古代海盗

时，欧洲一些亡命之徒沦为海盗，在美洲沿海抢劫过往商船，特别对抢劫西班牙皇家的运金船更感兴趣。英国政府当时专门辟出英属殖民地牙买加岛东南岸的罗亚尔港作为海盗的基地，罗亚尔港于是成为历史上海盗船队的最大集中地。

罗亚尔港公开身份是牙买加首

牙买加

府，非正式身份是海盗首都，海盗抢夺来的金银珠宝在这里堆成山，一船船金子有的时候都轮不到卸船，只有停放在港口里等候。这里是人类历史上最邪恶的城市，也是最堕落的城市，虽然只有几万人生活在这里（其中大约6500人是海盗），但城市的奢侈程度远远超越当时的伦敦和巴黎。整个城市没有任何工业，却可以享受最豪华的物质生活。中国的丝绸、印尼的香

料、英国的工业品一应俱全。当然最多的还是金条、银条和珠宝。

1692年6月7日，罗亚尔港仍像往常一样热闹，酒馆人声嘈杂，销赃市场顾客如云，各式船只频繁进

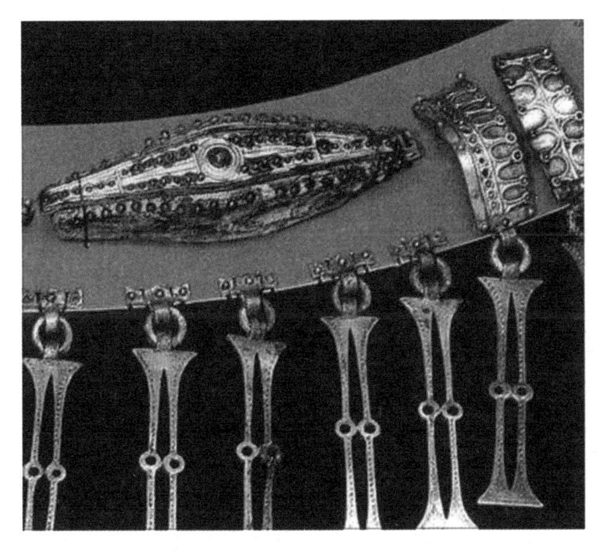

在罗亚尔港遗迹里发现的装饰品

出港口，满载着工业品的英国船在码头卸货，美洲大陆的过境船在修帆加水。海盗船混迹其间，一般人难以辨别出来。但是这个罪恶之城注定要受到上帝的惩罚。

中午时分，忽然大地颤动了一下，接着是一阵紧过一阵的摇晃。地面出现巨大裂缝，建筑物纷纷倒塌。土地像波浪一样在起伏，地面同时出现几百条裂缝，忽开忽合。海水像开了锅，激浪将港内船只悉数打碎。穿金戴银的人在屋塌、地裂、海啸的交逼下疯狂奔走，企图找一个庇身之所。11时47分，一阵最猛烈的震动后，全城2/3没于海水底下，残存陆地上的建筑物也被海浪冲得无影无踪。

罗亚尔港从此消失在大海中，直到1835年，在风平浪静的日子里，人们仍能清楚地看见海底城市的痕迹——一些沉船、房屋依稀可辨。当时测量，沉城处于海平面之下7到11米。再以后泥沙和垃圾层层覆盖，罗亚尔港在人们的记忆中湮灭了。

牙买加独立以后，政府一直没有放弃寻找这个海葬城市。1959年，牙买加政府和海下考古学家罗

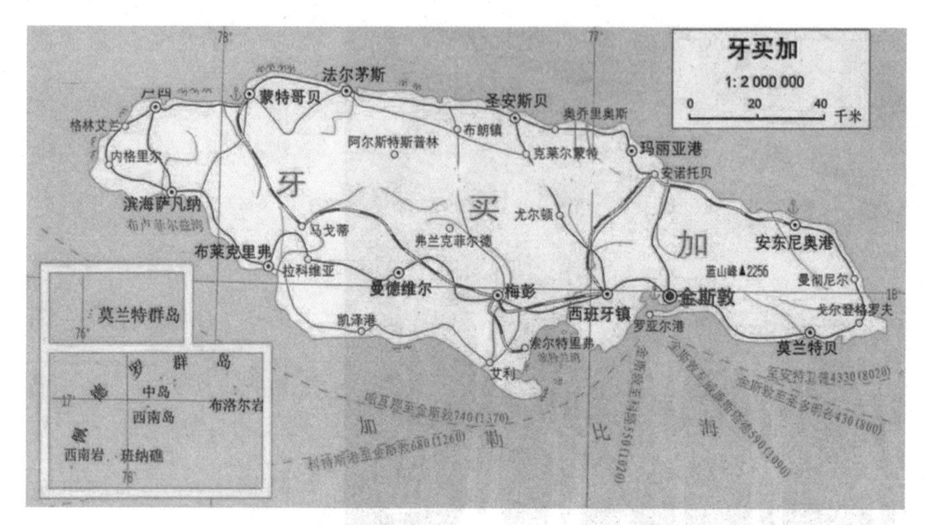

伯特·马克思签订挖掘条约。条约规定马克思只负责挖掘，而挖出的所有财宝都归牙买加政府所有。在之后的时间里，马克思找到了一部分城市遗址，并挖出了价值几百万美元的珠宝和大批生活用品。其中最有历史价值的是一只怀表，表针指向11时47分，由此确认了古城沉没的时间。而最有趣的是一尊没有头的雕像，专家研究证实这是中国人信奉的观音。4年以后，马克思以“再也挖不到财宝”为由离开牙买加。所有的人都不相信罗亚尔港只有这一点财宝，但谁也猜不出马克思离去的真实原因。

1990年，美国得克萨斯州A&M大学接到牙买加政府的邀请，再次开始罗亚尔港的挖掘工作。A&M大学的专家们准确找到罗亚尔港的主要沉没地点，他们发现当年马克思挖出来的宝藏只是非常小的一部分，99%的宝藏还沉在海水里。现在罗亚尔港宝藏的寻找工作还在继续，不过牙买加政府没有决定打捞已经发现的物品和金银。没有人知道这些被海葬的海盗船到底还能给人类带来多少惊喜。

罗亚尔港罪恶的兴起以及无数海盗船被自然覆灭的悲剧结果使它排在世界十大宝藏的第五位。

沉船宝藏小百科

中国丝绸

现有的考古发现证明中国的丝织技术最少应该出现在5500年之前，中国人工养蚕则最可以追溯到公元前三世纪。传说中西陵氏之女，黄帝的元妃嫘祖是中国第一个种桑养蚕的人。据《通鉴纲目外记》载，嫘祖“始教民育蚕，治丝茧以供衣服，而天下无皴瘃之患，后世祀为先蚕”。

周朝的时候中国已经设立了专门的蚕桑管理机构。到了西汉时期，张骞出使西域，开通了著名的丝绸之路，建立了通往中东和欧洲的通道。中国的丝绸和蚕桑养殖技术也逐渐随着丝绸之路传到了其他国家。中国的丝绸在古罗马时期就受到了高度的评价，而今，中国的丝绸仍然以其高质量而闻名于世。

丝绸是中国古老文化的象征，中国古老的丝绸业为中华民族文化织绣了光辉的篇章，对促进世界人类文明的发展作出了不可磨灭的贡献。

中国丝绸以其卓越的品质、精美的花色和丰富的文化内涵闻名于世。

几千年前，当丝绸沿着古丝绸之路传向欧洲，它所带去的，不仅仅是一件件华美的服饰、饰品，更是东方古老灿烂的文明，丝绸从那时起，几乎就成为了东方文明的传播者和象征。目前已知的最早丝织物，是出土于距今约4700年良渚文化的遗址。

关于丝绸中国有一个悠远的传说：远古时代，黄帝打败了蚩尤，“蚕神”亲自将她吐的丝奉献出来以示敬意。黄帝命人将丝织成了绢，以绢缝衣，穿着异常舒服。黄帝之妻西陵氏嫘祖便去寻找能吐丝的蚕种，采桑饲蚕。后世民间崇奉嫘祖为养蚕的蚕神，黄帝为织丝的机神。采桑养蚕与制丝织绸，便成了中国古代社会几千年的基本劳作手段。

中国是家蚕丝的发源地，养蚕，缫丝是我国古代在纤维利用上最重要的成就。早在新石器时代，我国已发明丝绸织造以及朱砂染色技术，此后随着织机的不断改进，印染技术的不断提高，丝织品种日益丰富，并形成了一个完整的染织工艺体系，使我国古代的丝绸染织技术领先于世界各国。

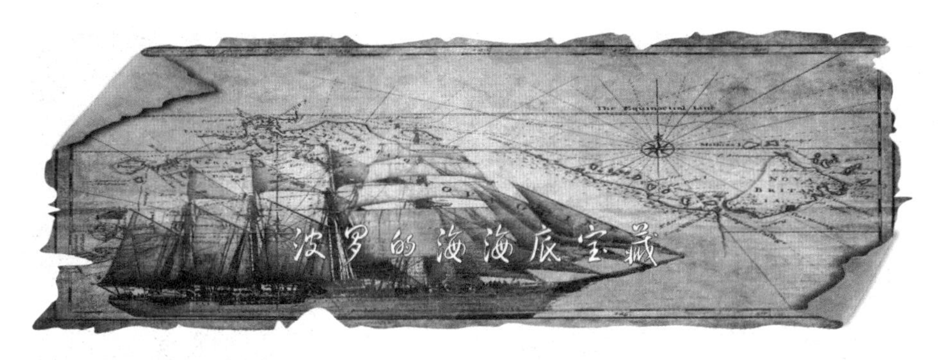

波罗的海海底宝藏

在修建波罗的海天然气管道过程中，考古学家们意外发现了海底宝藏，包括数十艘沉船和一些文物。

20世纪40年代，纳粹德国的工程师们曾进行过一系列试验，包括利用亨舍尔滑翔机向波罗的海投炸弹。70多年过去了，一颗重达1000多公斤的炸弹被发现，它正处于1220公里长的俄德北溪天然气管道的通道上。除了这枚炸弹外，德国施工人员还在波罗的海海水下发现了无数几十年前到1000年前的各种文物。

除了拥有巨大文化和历史价值的文物外，海水深处还藏着生锈的毒气弹、高爆炮弹和飞机炸弹，它们如今都成了修建输气管道的障

碍。施工人员已经在波罗的海发现了70多艘舰船遗骸，其中包括20艘北方战争（1700—1721年俄国为夺取波罗的海出海口而发动的对瑞典的战争）沉船。

对于海洋考古学家来说，波罗的海是一个尚未被发现的宝藏，这里的很多发现都曾引发轰动。例如，2003年夏天，潜水员在瑞典的哥得兰沙岛附近125米深处，发现一架1952年6月13日被苏联战斗机击落的瑞典间谍机DC-3，里面有遇难的8名机组成员遗体。

2006年，波兰石油公司员工在钻井过程中，偶然发现了德国格拉夫·齐柏林号航空母舰残骸，这是德国二战期间唯一一艘下水的航空母舰。英国潜艇HMS E18已经消失了90多年，2009年10月，这艘潜艇在爱沙尼亚希乌马岛附近终于重见天日。

纳米比亚沉船宝藏

地质学家在纳米比亚海岸偶然发现了一艘沉船的残骸，沉船中装满了铜碇、象牙和金币。经过初步分析，这应该是一艘15世纪末期到16世纪初期的西班牙或葡萄牙船只，当时可能由于暴风雨天气而沉没。地质学家们正在清理一块海床，并在周围建起一堵墙，将水排空以便地质学家们开展工作。正在对这艘沉船进行研究的考古学家迪特尔·诺利说，一名地质学家看到了一些铸块，但不知道是什么材料铸成的，接着地质学家们又发现了一些很像炮管的物体。根据沉船残骸上发现的西班牙和葡萄牙硬币上的图案、火炮的类型以及简陋的航海装备判断，这艘船沉没的时间是在15世纪晚期或16世纪早期。诺利说，船上装有大量的铜，这意味着这艘船可能是受到某国政府的派遣去寻找制造火炮的材料。当时的象牙贸易通常在王室的控制之下，这也证明这艘船是在执行官方的使命。

据统计，在佛罗里达州海岸，约有1200至2000艘沉船。其中有许多沉船的历史可以追溯到西班牙运宝舰队横行大西洋，到大南美洲的时期。从16世纪中叶到18世纪期间，船队都集中在哈瓦那，穿越佛罗里达海峡，顺着墨西哥湾向北行驶，过了加罗纳时，趁着西风离开了美洲，驶回欧洲。

1715年5月，两只小舰队由两名名叫乌比雅和艾维兹的将军指挥，在哈瓦那回合。在全盛时期，西班牙海军曾集合100艘舰船，每年横渡一次大西洋，一直持续到18世纪。当时英国、荷兰正在同法国竞争，其辉煌灿烂的全盛时期也成为明日黄花，好景不再了。

1715年，集合在哈瓦那的联合舰队，数目不上11艘，少得可怜。而且船只本身质量欠佳，几乎没有一艘胜任远航。乌比雅将军所率领的5艘战舰中最好的一艘原来曾经是英国军舰“汉普顿宫”号，后来被法国缴获，借花献佛，转赠给了西班牙。但是这些船只都载有珍宝，其中还有一批是由中国工匠制作的彩瓷制品，越过太平洋运到了

美洲，再由骡子运到了墨西哥。这些物件都有不可低估的艺术价值。

在哈瓦那装船后，11艘船只顿露险象。它们全部都吃水过深，侧缝使劲往里漏水。同年的7月27日起航，其实已经接近飓风的季节了，每只船随时都有可能沉入海底。但是舰队依然向巴哈马群岛失去。最初的几天，天气十分晴朗，阳光明媚，一派温馨和谐的景象。过了几天，天气陡然转变，逐渐变阴，视线开始模糊。入夜以后，强风劲吹，海面巨浪滔天，船若浮萍随风摇动，乘客以及货物在船舱里滚来滚去。第二天，天空依旧是一片阴霾的景象，酷热难耐，天空中突然出现一片紫云，这是大风暴来临的前兆。

舰队经过一番折腾后，终于进了佛罗里达海峡，不料，风势逐渐增大。舰队卡在了佛罗里达平坦海岸险峻的珊瑚暗礁与危险的巴哈马群岛浅滩之间，命运只在一指之间。离开了哈瓦那一段航程后，飓风开始猛吹，舰身沉重，头大尾小，各舰在风浪中已经是难以驾驭，迅即被吹响佛罗里达海峡时，桅杆折断，甲板上全是虽木板和湿透的绳索。

巴哈马群岛简介

巴哈马群岛很早以前就居住着印第安人。1492年10月，哥伦布首航美洲时在巴哈马群岛中部的圣萨尔瓦多岛（华特林岛）登陆。1647年首批欧洲移民到此。1649年英属百慕大总督带领一批英国人占据群岛。1717年英国宣布巴哈马群岛为其殖民地。1783年英国、西班牙签订《凡尔赛和约》，正式确定为英所属。1964年1月实行内部自治。1967年1月举行了自治后的首次大选，进步党林登·平德林出任总理。1972年进步自由党挫败国内外反政府势力的分裂活动，提前大选。大选后该党发表了关于独立的绿皮书，英国政府批准了巴哈马独立的法案。1973年7月10日宣布独立，成为英联邦成员国。1997年5月23日，中华人民共和国与巴哈马国正式建立外交关系。同年7月19日，中国在巴哈马设使馆。2006年1月20日，巴哈马在华设使馆。

巴哈马群岛虽说有3000多个岛礁，但能住人的只有30个，许多珊瑚礁或因为太小，或缺乏淡水等原因不能住人。群岛的主岛叫新普罗维登斯岛，这个岛并不是巴哈马群岛中最大的，但它的综合条件好，开发得早，因此，巴哈马联邦的首都拿骚，就在这个岛上。

由于巴哈马群岛上日照时间很长，所以巴哈马人自称是世界上户外活动时间最长的人。他们以湛蓝的河水、发光的沙滩、长年充裕的阳光为骄傲。不管白天还是夜晚，舞蹈还是散步，当地居民的衣服上都印满了花鸟鱼虫，生怕七种颜色少了哪一种。在这里生活的人们，充分享受着身体与精神的双重自由，像花一样，像鸟一样，绽放自己最本真的美丽色彩。

有的小岛上搭着一座座的茅草小凉棚，供应巴哈马人喜欢的辣椒拌鲜海螺，并以吹海螺号为进餐的信号，供人们尽情地怀古、寻幽。长期在高楼大厦、车水马龙中生活惯了的人们，面对小岛风情，焉能不觉得趣味盎然？巴哈马人为此也觉得十分自豪。

巴哈马群岛拥有100 000平方英里号称世界上最清澈的海域。面对碧蓝的海水，探险者很难抑制潜水的冲动。在这里将会发现一个如梦似幻的海底世界。在澄澈的水底，隐藏着久远年代的沉船，而色彩斑斓的热带鱼类却在游览者身边翩翩起舞，巴哈马美丽的海底世界不愧是全球最适合潜水的水域。这片美丽的水域也是钓鱼爱好者的天堂，体形硕大的枪鱼、剑鱼和梭鱼随处可见。一天的畅游结束后，游客定会乘兴而归！巴哈马群岛蔚蓝的天空也为初级飞行员提供了一个训练飞行技巧、探幽览胜的机会。

幸免没有被冲下海中的人们跪在甲板上祈求上天，向上天祷告。乌比雅的旗舰首先触礁，其他船只也跟着触礁了。10艘战舰沉没，只有“葛里芬”号幸免于难，因为它的舰长不遵从命令，继续向东航行，因此逃过了暴风袭击这一劫。丧生的人达到1000多人，损失的金银以及其他的财务货物价值约为2000万美元。有些运气好的生还者被海浪冲上了岸，还带着少量漂流出来的财宝，走向内陆，下落不明。还有人坐着木筏漂流，到大佛罗里达西海岸的圣奥古斯丁去了。

西班牙人立即从哈瓦那及圣奥古斯丁派出8艘船只，从事大规模的打捞工作。他们在卡纳维拉尔角设了一个营地，并且建立了3个仓

库收藏找回的宝藏。潜水员只是吸一口气，便带着重石头加速潜下水底，把几百万枚金币打捞上来。

海滩消息传到了英国海盗盘踞的牙买加。海盗中有一名绰号为黑胡子的船长和另外一名叫做简宁斯的船长袭击西班牙营地，仅简宁斯一人便劫走了几千枚西班牙硬币。但是，西班牙人于1719年返回哈瓦那时，带回的财宝只是原数的三分之一。其余的就在海底埋藏了近300年无人问津。随后这些沉船残骸就成为佛罗里达州寻宝工作中历史最久而收获最丰富的一个寻宝线索。

直到现在还有人在寻宝。佛罗里达州以业余寻宝人华格纳而闻名于世。华格纳于1949年迁到佛罗里

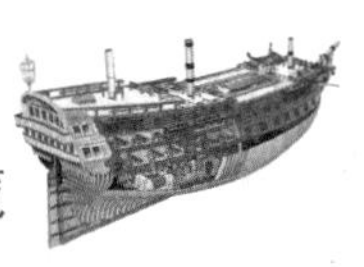

达州海岸边，听到朋友在海滩上找到钱币的故事后，对西班牙沉没的船只大为感兴趣。他用15元钱从陆军剩余物资中买到一架地雷探测仪器，在卡纳维拉尔角南约25里的塞巴斯丹与瓦巴索之间的海滩上，找到了以前铸造的大量钱币。从钱币发现的地点，他有了关于沉船地点的一套设想，钱币集中在沿海岸不同地点的小水道里，他猜想在每个地点都有一条沉船。

华格纳和一位同事凯尔索在美国各图书馆及研究机构广泛研究，凯尔索在国会图书馆的珍本书收藏室找到了一本重要书籍《东西佛罗里达自然历史简介》，1775年出版。它描述了1715年西班牙舰队船只遇难时的情形，并提及“沉船里可能有很多西班牙一元以及两元银币，因为有时会发现被潮水冲上岸的一元或两元银币”。

他们两人与塞维尔的西班牙海军史迹馆馆长取得联系，馆长供应他们3000张古代文件微缩胶卷。经过研究翻译后获知1715年海滩打捞工作的全部过程，以及许多残骸的大概位置。

看起来华格纳好像已经找到了有关西班牙沉船的线索，但是要打捞宝藏还需要花费很多年的时间。佛罗里达沿岸气候不佳，每年仅有几个月能进行打捞活动，因此使这项工作更加困难。华格纳首先在卡纳维拉尔角搜查西班牙打捞队的营地以及仓库，用地雷探测仪器在海滩后面的高地经过多日的细心搜寻后，探得一艘船只上的大铁钉和一枚炮弹，他在现场挖掘并把一块半英里长的遗址绘入地图。随后，更多的炮弹、中国陶器碎片和一枚镶有7颗钻石的金戒指陆续出土。

卡纳维拉尔角简介

卡纳维拉尔角所在地是众人皆知的航空海岸，附近有肯尼迪航天中心和卡纳维拉尔空军基地，美国的航天飞机都是从这两个地方发射升空的，所以卡纳维拉尔角成了它们的代名词。卡纳维拉尔角东部靠近梅里特岛，之间被巴纳纳河分开。

这里还有一座灯塔和卡纳维拉尔港，城区在卡纳维拉尔角南面几英里远的地方。此外本地还有蚊子泻湖、印第安河、梅里特岛、国家野生动物保护区和卡纳维拉尔国家海岸。

1950年6月24日，美国第一艘火箭“丰收8号”在卡纳维拉尔角第三发射平台顺利升空。1959年2月6日在此地成功地进行了提坦洲际弹道导弹的试射。美国国家航空航天局的所有载人的航天器都是从这里发射升空的。

卡纳维拉尔角之所以被选中作为火箭发射基地，主要是因为可以更好地利用地球的自转，在赤道附近由地球自转产生的离心力最大，要想利用这股离心力，火箭升空后必须向东飞行同地球的自转方向保持一致。另一种考虑是如果发生意外，火箭飞行的下程是人口稀少的地区，

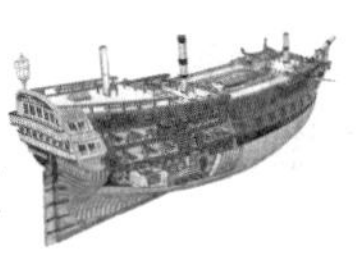

不会造成巨大的伤害，失事火箭掉入大海是最好的结果。

尽管美国有很多地方靠近赤道，并且临近大洋，比如夏威夷和波多黎各等等，但是佛罗里达同它们相比有非常便利的后勤与运输条件。卡纳维拉尔角的最尖端就是空军基地。

从1963年到1973年它被称为肯尼迪角，总统约翰·肯尼迪是美国航天计划的热心支持者。在他1963年达拉斯遇刺后，他的遗孀杰奎琳·肯尼迪曾向继任总统林登·约翰逊建议将卡纳维拉尔角的所有军事设施更名以示纪念。然而林登·约翰逊不仅将所有的军事设施更名为肯尼迪，而且还把全部地区更了名。因此卡纳维拉尔角变成了肯尼迪角。

尽管此次更名得到了美国国家地理名称委员会的批准，但是在佛罗里达州却遇到了阻力，特别是在卡纳维拉尔城。1973年佛罗里达州通过了一项法律决定恢复有着400年历史的名字，美国国家地理名称委员会也同意了。杰奎琳·肯尼迪在声明中称，如果她事先知道这个名字有着400多年的历史，就肯定不会提议更名了。但是此地的航天中心仍然被称为肯尼迪航天中心。

从记录中，华格纳知晓在高低遗址对面有一艘沉船。他花了许多天时间，戴上自制面罩浮在一个汽车内胎上，向污泥和海草里仔细探寻，最后发现一枚炮弹，潜水下去又发现一个大铁锚，终于找到了第一艘沉船。现在他已经知道这些古物从上面看是个什么样子，于是利己租了一架飞机，从飞机上逐一看看暗礁和浅滩，寻找其他沉船。他的空中搜寻工作很成功，把许多艘沉船的地点都绘成了地图。

1959年，华格纳召集精于潜水的友人，成立了一个“八瑞公司”。当时西班牙一个比索等于八个瑞尔，比索是大银币，瑞尔是小银币。他们向佛罗里达州申请取得享有这些寻获物75%的权利。他们利用一艘旧汽艇和一部自制捞泥机，奋力工作了6个月，但是毫无收获。他们众望所失，公司也快破产了，但是在最后的紧要关头，有一位潜水员浮上水面手里紧握着6枚楔形金块。其他人都十分惊喜地潜入水下，试图看看在海底究竟能够找到什么宝贝。

在以后的几个礼拜内，又有人找到了15枚楔形银块，然后华格纳决定拉人到另一个沉船的地点。从那时起，他的寻宝梦终于成为现实。在第二艘沉船处工作的第一天，发现了一批惊人的银币。随后在暴风雨后的一天，华格纳带着侄儿到海滩仔细探察。当华格纳在捡拾金币的时候，他的侄儿找到了一条金项链，长11英尺半。此链子共有2167枚金环扣在一起。一条做工精致的金龙缀在了金链子上，龙嘴长着，好像是一个可以吹响的哨子，龙背上装着一只金牙签，龙尾可以同做耳挖。这件宝物后来鉴定是属于当年乌比雅将军本人所有，售得5万美元。

挖掘工作继续进行着，数年过去了，海底寻宝活动的发现是惊人的。1965年5月31日，西班牙人使用一种自制的机器，从船的推进器向下方喷射强大的水流，能把海底的一层泥沙冲去，又不至于吹动他们相信沉在海底的珍贵财宝，当海水澄清的以后，华格纳和他的同事望向海底，目力所及，遍地都是金币，眼前的一切让他们目瞪口呆。1967年，华格纳把财宝拍卖，获得了100余万美元。

海底宝藏分布区

1. 阿根廷外海

阿根廷外海位于北美洲

海盗们从印第安（今美国）夺来大量财宝埋藏在这里。

2. 韩国外海

韩国外海位于亚洲

满载宝物的俄罗斯军舰在韩国外海击沉。

3. 韩国外海

韩国外海位于亚洲

这里藏着我国（中国）古代珍品。

4. 关岛（不属于任何国家）

关岛（不属于任何国家）位于大洋洲

海盗们把从货船上抢来的宝藏藏在岛上和周围海洋之中。

5. 英国外海

英国外海位于欧洲

据说一个富翁把自己所有的财产都沉入到海底，估计有100万英磅以上。

6. 可可岛

可可岛位于大洋洲

7. 加拿大群岛

加拿大群岛位于北美洲

法国国王的宝贝沉没于此。

第二章

沉船宝藏未解之谜

海洋是世界上最大的文物宝库，它埋淹着各个时代的沉船，从史前时代的独木舟到如今的大型潜艇。这些沉船上遗留着各个时代的艺术珍品和大量的金银珠宝等有价值的东西，据考古学家和有关专门人才的估计，在全球海洋中，沉船至少有一百万艘。

也许是海盗藏匿的珠宝，也许是古代帝王的遗留，还可能是商贾巨富避难时丢弃的钱币，无数人心里都有着一个获得宝藏的情结。

纵观整个人类历史，在数千年的航海历史中，无数载满珍宝的船只由于各种原因，都沉睡在了海底。而迄今为止，这些沉船大多杳无音讯，被人们发现的尚不足其中的1％。人们不禁要问，水下的珍宝沉船究竟还有哪些？它们的价值高到哪里？这些都为沉船宝藏蒙上了一层神秘的面纱，成为难解的谜团。

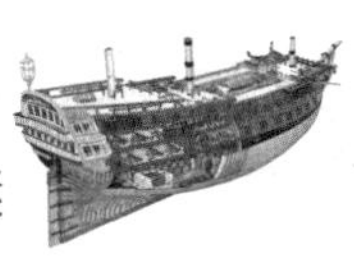

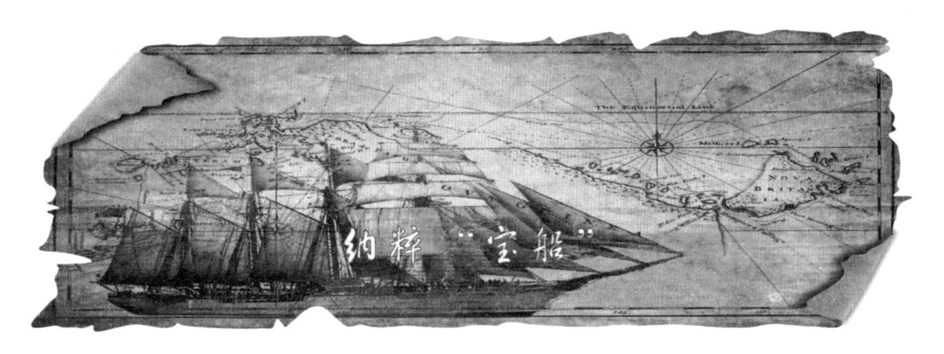

纳粹“宝船”

纳粹宝船，是世界探宝史上一大谜案之一，其载的数亿黄金宝藏沉睡海底。

二战期间，希腊的北部港口城市“达萨洛尼卡”是犹太裔希腊人的聚居地。德军入侵希腊后，一个名叫马克斯·默滕的纳粹盖世太保高级军官，向当地的犹太裔希腊人发出威胁，声称只有犹太人交出自己的钱财，才可以免于被送往集中营或处决。在这种情况下，犹太裔希腊人不得不把自己的财产与宝物倾囊拿出。就这样，大量无法估价的财物珠宝落入了默滕的手中。

1943年，伴随着英军在北非战场的胜利，德军节节败退，默滕将搜刮来的金银珠宝装在一艘渔船上连夜逃走。当船行驶到希腊达萨洛尼卡海域时，遭遇事故沉没。这些财宝从此下落不明。1999年，一位自称“X幽灵”的不明人士发表声明，说他曾和默滕住在一间牢房之中，两人一起度过了两年的铁窗生涯，他得到了默滕的信任，并取得了沉没地点的详细资料。希腊《民族报》率先披露此事，大多数媒体都称宝藏中有50箱金银珠宝价值25亿美元。自此打捞工作被提上议事日程，并引来各方关注。可在接下来的打捞过程中，潜水员们却并未能找到沉船。打捞人员甚至动用了先进的声呐定位系统，但至今依然一无所获。因此纳粹运宝渔船的准确沉没方位，直到今天，仍是一个谜。

海底宝藏小百科

纳粹简介

纳粹的称呼来自德语的“Nazi”，是德文“Nationalsozialist”的简写。纳粹主义，是德文“Nationalsozialismus”缩写“Nazismus”的音译，意译为“民族社会主义”，是第二次世界大战前希特勒等人提出的政治主张。纳粹主义的基本理论包括：宣扬种族优秀论，认为“优等种族”有权奴役甚至消灭“劣等种族”；强调一切领域的“领袖”原则，宣称“领袖”是国家整体意志的代表，国家权力应由其一人掌握；鼓吹社会达尔文主义，力主以战争为手段夺取生存空间，建立世界霸权；反对共产主义思想体系和社会主义制度，恶毒攻击马克思主义理论。

纳粹主义萌芽于第一次世界大战后的德意志魏玛共和国，是德国内外矛盾尖锐的产物，所以人们又叫它德国纳粹。当时的德国面临承担战争责任和战争赔偿，以及迁出非德意志人居住地等问题，经济上陷入困境，民族感情遭受挫折。希特勒等人正是利用了德国民众对《凡尔赛和约》的仇恨和经济危机爆发的绝佳时机，将民族主义演变为民族复仇主义，使纳粹主义得以形成。德国纳粹主义首先把矛头指向国内的犹太

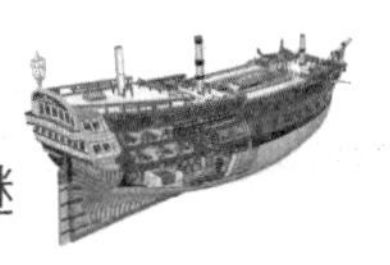

人，宣称雅利安—北欧日耳曼人是上苍赋予了“主宰权力”的种族，而犹太人是劣等民族，应予淘汰和灭绝。反犹主义得逞后，纳粹主义又主张世界是弱肉强食、优胜劣汰的丛林，各民族必须在激烈的生存竞争中求胜，实行对外侵略扩张，将全世界引向战争和灾难。

纳粹主义是政治投机者可耻地偷换了社会主义的概念，操纵病态的民族主义，演变成的极端化、恶质化的民族主义。纳粹主义称自己为“社会主义”自称效仿共产党“武装夺取政权”，玩弄军队谋取权力，却与社会主义“解放和发展生产力”的本质背道而驰，主张通过对内独裁和对外侵略谋求发展，实质是极端野蛮的帝国主义、种族主义和恐怖主义，必会对人类文明造成毁灭性的灾难。

纳粹主义的代表人物为：阿尔道夫·希特勒、埃尔温· 隆美尔、鲁道夫·赫斯、卡纳里斯。

阿尔道夫·希特勒

埃尔温·隆美尔

鲁道夫·赫斯

卡纳里斯

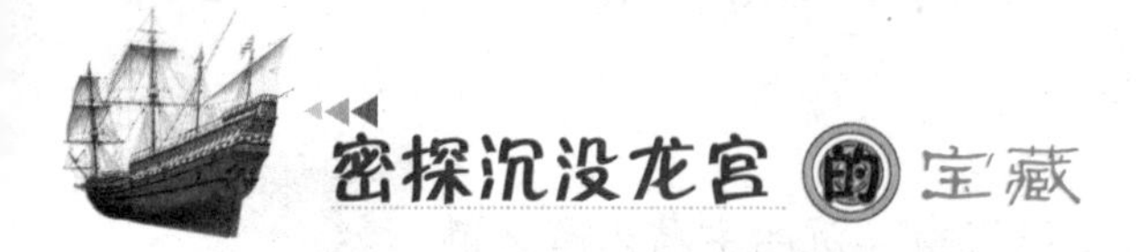

在1997年的时候，沃特法，一个德国的水泥厂老板，在印度尼西的亚勿里洞岛，一个位于婆罗洲和苏门答腊之间的岛屿，开始了他的探秘之旅，这个岛屿的附近海域海水清澈澄明、暗礁散布，并有大量神秘的宝藏隐匿期间。沃特法并不是一个专业的寻宝者，他之所以进行这项活动，都是他一个下属给他的建议，但就是这样的非专业寻宝者，却往往拥有更好的运气，两年时间，便让他找到了三艘沉船，其中就有已沉睡千年的“巴图希塔姆”号。

唐三彩

“巴图希塔姆”号是一条来自中东的商船，船上满是唐代的陶瓷制品，总数多达67000多件，其中包括唐代青瓷花卉盘、邢窑碟子、唐三彩、越窑秘色瓷以及长沙窑等精美瓷器。“巴图希塔姆”号沉船的打捞始于1998年9月，第二年6月基本完成。对其宝藏的整理从

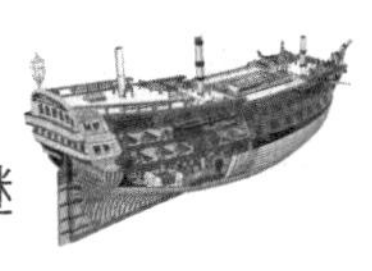

越窑秘色瓷

2000年开始。“巴图希塔姆”号沉没的原因早已被掩藏在了历史长河之中，但这批宝藏的发现却有着非同凡想的意义，证明了早在唐朝时后，中国就开辟出“海上丝绸之路”和印度洋西边的中东诸国，波斯、阿拉伯，有了直接的贸易关系。

现在这批宝藏还被存放在新西兰，其归属问题依旧悬而未决。

沉船宝藏小百科

世界著名沉船事件（1）

1.“玛丽·罗斯”号沉船

“玛丽·罗斯”号于1509～1511年建造而成，是第一批可做到舷炮齐射的船只，并得到亨利八世国王的偏爱，被形容为“海洋上一朵最美的花”。这艘船舶的诞生标志着英国海军已由中世纪时“漂浮的城堡”转变为伊丽莎白一世的海军舰队。

1545年7月19日，亨利八世国王在南海城检阅他令人骄傲的舰队出海迎击法国入侵者。然而，他却目睹了一场灾难：满载的“玛丽·罗斯”号在一阵风浪里颠簸并迅速倾覆，海水灌进了下面的炮门。当时她的甲板上有90多门炮，大约有700名船员，据说只有不到40人得以幸存。

在这艘伟大的战舰沉没的当年，人们就开始了打捞工作，有些枪炮、帆桁和船帆被打捞了上来，但是打捞工作于1550年中止了。“玛丽·罗斯”号已经有一部分陷入了淤泥，并在未来的几个世纪里得到了这些淤泥的天然保护。直到20世纪60年代中期，亚历山大·麦祺带领的一支队伍发起了对沉船的调查工作。经过他的努力，这艘都铎王朝的战舰在沉入海底四个多世纪之后，被海水浸透的船骨终于浮出了索伦特海峡的表面。1982年，大约有6000万人观看了“玛丽·罗斯”号打捞仪式的现场直播。直到今天，这艘船仍然在用聚乙二醇防腐剂不断喷射，以防止船骨腐烂。这一工作于2008年完成，之后她还经历了一个缓慢的干燥过程。目前，前往朴次茅斯历史造船厂参观的人们可以透过玻璃屏风和雾状防腐剂瞻仰她的倩影了。

2. “泰坦尼克”号沉船

英国皇家邮轮“泰坦尼克”号是一艘巨大的豪华客轮，排水量达4.6万吨，由位于爱尔兰贝尔法斯特的哈兰德与沃尔夫造船厂兴建。“泰坦尼克”号是当时世界上最大的一艘客轮，被称为是“永不沉没的船”或是“梦幻之船”。“泰坦尼克”号共耗

资7500万英镑，从龙骨到四个大烟囱的顶端有175英尺，高度相当于11层楼。“泰坦尼克”号上装备了引以为豪的健身房、游泳池、壁球馆和土耳其浴室。

1912年4月，“泰坦尼克”号从英国南安普敦出发，开始了它的处女航。4月14日晚11时40分，“泰坦尼克”号的瞭望员摇了三次警铃，并通报说“右前方有冰川。”不幸的是，接下来所有躲避撞击的努力都为时已晚，一块像岩石般坚硬的冰块刺进了船体，就好像一个巨大的罐头起子，将船身的外壳刺穿了250英尺。由于船上的救生艇数量远远不够，恐慌开始蔓延。1912年4月15日凌晨2点20分，“泰坦尼克”号最终沉入了北大西洋海底，共有1503人丧生。由于缺少足够的救生艇，造成了当时在和平时期最严重的一次航海事故，也是迄今为止最为人所知的一次海难。“泰坦尼克号”最后存活于世的3名生还者全部为女性。2006年5月6日，最后一名见证事件的生还者逝世，终年99岁，事发当时她只有5岁。2007年10月16日，另外一位生还者逝世，终年96岁，事发当时她还不足一岁，因此对这一事件同样没有任何记忆。

泰坦尼克号也许是有史以来最著名的沉船，这个深达2.5英里的海底坟墓就位于距纽芬兰岛东南部323英里的海域。这艘船是在1985年9月1日由让·路易斯·迈克尔船长和罗伯特·巴拉德博士带领的一支科考队发现的，当时船只已经首尾分离，裂成了两半。船头仍然保持相对完整，而船尾则位于2000英尺之外，已经严重受损变形。如今，我们可以在从加拿大圣约翰市启程的M.I.R.型潜艇上参观这艘全世界最有名的沉船，还可以看到那举世闻名的船头和舰桥—— E.H.史密斯船长发出最后指令的地方。

3. “路西塔尼亚”号沉船

1915年5月7日，由纽约驶往利物浦，冠达海运公司引以为豪的“路西塔尼亚”号（被昵称为海上灰狗）于爱尔兰南部的老金塞尔角附近被一枚德国鱼雷击沉。

1914年8月战争爆发时，“路西塔尼亚”号被移交给英国海军，并被送往利物浦的加拿大码头，在那里配备上12门6英寸口径的炮。她是作为武装的后备巡洋舰注册为英国海军舰队成员的，而她所装备的武器重量超过了在英吉利海峡巡逻的皇家海军舰队。作为首任英国海军大臣，温斯顿·邱吉尔曾参观利物浦并视察了“路西塔尼亚”号。他发表了一番将

令他终身难忘的言论：“对我来说她只不过是又一个45000吨重的活鱼饵而已。”

1915年5月7日下午两点十分过后，负重30396吨的“路西塔尼亚”号毫无预警地被一枚鱼雷击中。她只用了20分钟左右就沉没了，1201个男人、妇女和小孩失去了生命。在死亡的人数中，有128人是美国公民。发射鱼雷的德国潜艇 U20 绕着下沉的船只转了几圈，然后就逃离了现场，于5月13日回到了其位于威廉港的基地。

在1935年沉船遗址首次被发现。1982年“路西塔尼亚”号的一个四叶螺旋桨被打捞了上来，现在正在利物浦阿尔伯特港的默西赛德海洋博物馆的码头区展出。

4. “俾斯麦”号沉船

满载货物时排水量可达五万公吨，最高时速为48千米/小时，装载了数台大炮的“俾斯麦”号被看作是德国海军的骄傲。她被邱吉尔形容为“一艘了不起的船只，海军舰队的杰出之作”，从船顶到船底共有17层楼高，长度相当于三个足球场。

然而，这艘德国战舰的首次出航就成了短命之旅。1941年5月，在大西洋上持续了八天的追逐之后，“俾斯麦”号在最为激烈的一场海战中受到了英国海军的攻击。“俾斯麦”号被敌人强大的炮火击中，倾覆并搁靠在一座陡

峭的海底山脉上。“俾斯麦”号上的2200人（平均年龄为21岁）中只有115人幸存。

1989年，罗伯特博士和他的科考队在仔细搜索了大约200平方英里的区域之后，终于发现了“俾斯麦”号的残骸。沉船遗址位于爱尔兰的科克以南大约380英里，大西洋底15000英尺左右的地方。尽管在海战中英国军队强烈的炮火和鱼雷对船体造成了很大的损毁，船只的沉没也对其造成了明显的破坏，但令人吃惊的是，沉船的残骸仍然保持着良好的状态。自从得到沉船公墓的法定拥有者——德国政府的允许之后，人们先后对“俾斯麦”号进行了一些探险。这些人中包括“俾斯麦”号的幸存者海因里希·库特和海茵茨·斯蒂，以及美国电影导演詹姆斯·卡梅隆。

5. 德国“阿德列尔”号（沉船事件）

海上沉船事件有时是在极其偶然的情况下发生的，德国“阿德列尔”号货船的沉没便是其例。那是在1913年，一个风平浪静、阳光灿烂的日子。“阿德列尔”号货船正航行在波斯湾。忽然，一片黑云遮蔽天空，天色昏暗，船员惊讶不已，还未定过神来，刷刷的落物声响彻全船，这不是阿拉伯半岛沙暴扬来的沙子，而是活生生的飞蛾。不仅船顶所有裸露部分全部布满飞蛾，就是每个船员的脖颈、裤管，都钻进了蛾子。飞蛾的毒粉、纤毛灼得人身火辣辣的难受。蛾海如潮，无隙不钻，爬满舷窗、瞭望窗，最终连大副工作台前面的挡风玻璃上也爬满了一层又一层的飞蛾，把前方的视线完全遮盖了，大副紧急制动，可轮船的惯力仍驱动着向前，一阵撕心的破裂声，轮船撞上了暗礁而最终沉入了海底。

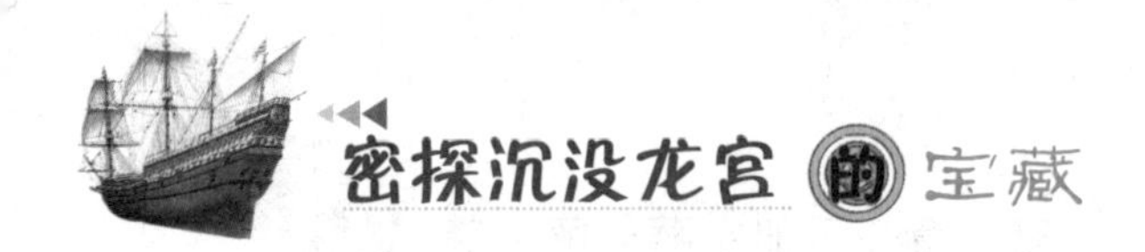

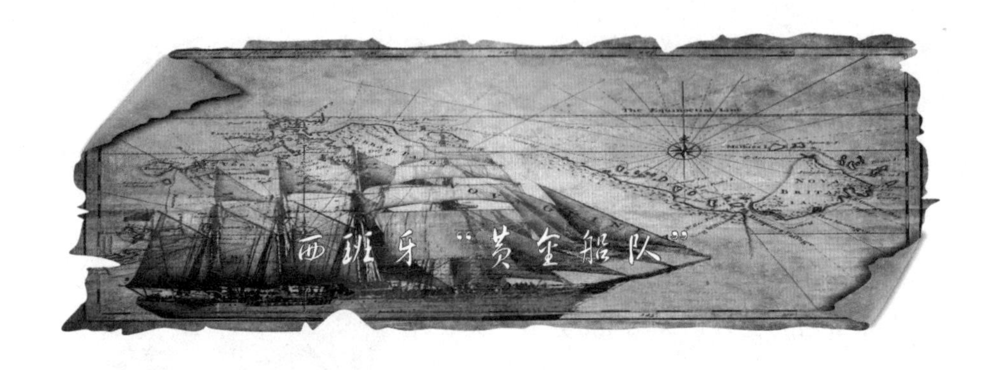

船舶的沉没，对西班牙人来说并不足为奇，早在1702年，西班牙历史上著名的“黄金船队”就在大西洋维哥湾被英国人击沉，从而留下探宝史上的一大遗案。

那时，西班牙财政困窘，一支由17艘大帆船组成的庞大船队遵命载着从南美洲掠夺的金银珠宝火速运回西班牙，其间将经过一段最危险的海域，在6月的一天，正当“黄金船队”驶到亚速尔群岛海面时，突然一支英、荷联合舰队拦住去路，这支150艘战舰组成的舰队迫使“黄金船队”驶往维哥湾躲避。

面对强敌的包围，唯一而且最好的办法是从船上卸下财宝，从陆地运往西班牙首都马德里，但偏偏当局有个奇怪的规定：凡从南美运来的东西必须首先到塞维利亚市验收。显然不能违令从船上卸下珍宝，侥幸的是在皇后玛丽·德萨瓦的特别命令下，国王和皇后的金银珠宝被卸下，改从陆地运往马德里。

在被围困了一个月后，英、荷联军约3万人在鲁克海军上将指挥下对维哥湾发起猛攻，3115门重炮的轰击，摧毁了炮台和障碍栅，西班牙守军全线崩溃，由于联军被眼前无数珍宝所激奋，战斗进展迅速，港湾很快沦陷，此时“黄金船队”总司令贝拉斯科绝望了，他下

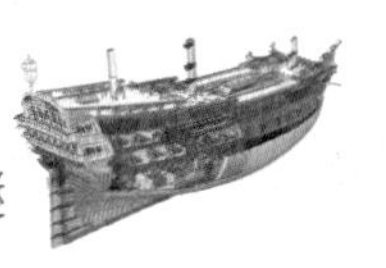

令烧毁运载金银珠宝的船只，瞬时间，维哥湾成为一片火海，除几艘帆船被英、荷联军及时俘获外，绝大多数葬身海底。

这批财宝究竟有多少？据被俘的西班牙海军上将恰孔估计：约有4000～5000辆马车的黄金珠宝沉入了海底。尽管英国人冒险多次潜入海下，捞上来的也仅仅是很少的战利品。于是，这批宝藏强烈吸引着无数寻宝者。从此，在近1000海里的海底，出现了一批批冒险家的身影，他们有的捞起已空空如也的沉船，有的却得到了纯绿宝石、紫水晶、珍珠、黑琥珀等珠宝翡翠，有的仍用现代化技术和工具继续寻觅。随着岁月推移，风浪海潮已使宝藏蒙上厚厚泥沙，众多传闻又使宝藏增添了几分神秘，无疑给冒险带来了太多的麻烦。

不幸的是那部分由陆地运往马德里的财宝，在途中有一部分被强盗抢走。这部分约1500辆马车的黄金，据说至今仍被埋藏在西班牙庞特维德拉山区的一个鲜为人知的地方，这显然又像一块巨大的磁铁吸引着梦想发财的人们。

世界著名沉船事件（2）

6. 希腊油轮沉没

这艘古希腊油轮大约沉没于公元前350年，当时船上装满了橄榄油。后来人们在爱琴海底部发现了该船的残骸。通过对其中发现的双耳细颈椭圆土罐进行考古分析，考古学家们确定了该船沉没的大概时间和当时的货物。一项新的DNA技术使得科学家能够通过沉睡海底几千年的陶罐来探究古希腊人的生活细节，这对考古研究具有革命性意义。古希腊人用陶罐盛装各种物品，如酒、橄榄油等。通过研究古代沉船中的这些陶罐器皿内封存的酒等食物能够揭示大量古代贸易、农业和气候的信息。但如果陶罐里的物品已经流失海中，就无法开展研究了。此前，美国麻省理工学院、伍兹霍尔海洋研究所和瑞典隆德大学的科学家团队，第一次成功地从希腊希俄斯岛附近的2400年前的古沉船遗物中提取了DNA样本，并对其做进一步的研究。

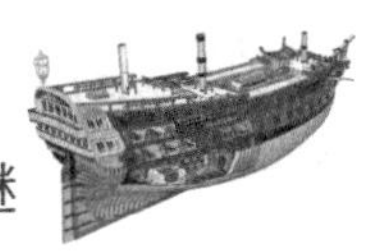

7. 欧洲“复仇女王”号沉船

18世纪最恶名昭彰的海盗黑胡子霸占了法国的奴隶船“协和”号并将其重新命名为“复仇女王”号。考古学家们认为，上图中这段从海水中打捞出来的黑色物体应该是黑胡子旗舰上的大炮。后来，该船搁浅于北卡罗来纳州附近的海滩上，于是被黑胡子遗弃。经过艰难地挖掘，考古学家们发现了一座船上的报时铜钟、一门大炮、铅弹、金粉，以及一些玻璃器皿。文物年代全部在1705年到1720年之间，与黑胡子活动时间吻合。发掘的文物中甚至还有用来治疗梅毒的注射器，这反映出海盗们放荡不羁的生活状态。黑胡子的发迹史可以追溯到18世纪早期，他在当年的西班牙王位继承战争中出动武装民船出海劫掠敌船，之后便干上了海盗营生。据说黑胡子还是一个极具道义感的海盗，他并不想夺人性命，希望能不开枪征服对手。尚未发现有任何史料显示，黑胡子有杀人和虐待俘虏的纪录。

8. 美国“塞浦路斯”号货轮沉没

1907年10月11日，“塞浦路斯”号矿船正满载着铁矿石由苏必利尔湖开往纽约，不料在途中遭遇暴风袭击而沉没。

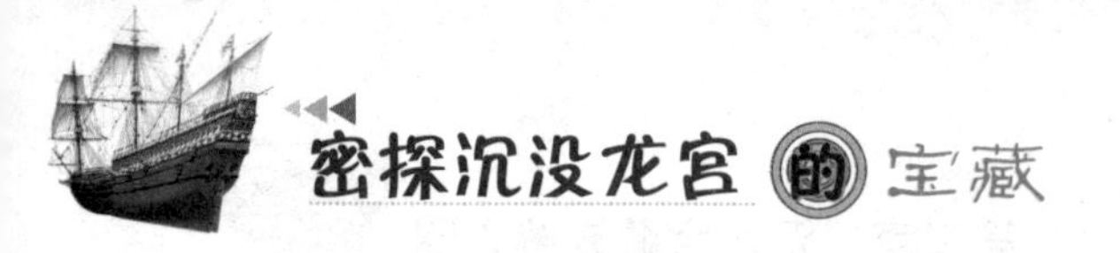

但奇怪的是，这股风暴对当天其他所有的船只均未造成影响。对于“塞浦路斯”号的沉没原因，人们一直未能找到合理的解释，只能用“神秘”两个字予以描述和形容。“塞浦路斯”号于1907年8月17日正式下水，仅两个月后就在它的第二次航行中沉没。2007年8月，“塞浦路斯”号沉船的残骸被考古人员们发现。

9. 德国纳粹“齐柏林”号航母沉没

“齐柏林”号是纳粹德国唯一一艘航空母舰。该舰下水时间为1938年，却从来没有真正参加过战斗。1935年，希特勒宣布建造航母。第二年，德国基尔造船厂一下子就铺设了两艘航母的龙骨。当欧洲战事全面打响时，“齐柏林”号的建造已经完成大约85%，而且大部分基础设备已经安装完毕。1938年，当“齐柏林”号航空母舰下水的时候，希特勒兴奋异常，他对它行了一个纳粹军礼，希望这艘庞大的船可以帮他征服整个北海区域。1945年4月25日，德军全线崩溃，为了不让“齐柏林”号航母落入苏联红军手中，德国纳粹决定将其销毁。“齐柏林”号最终沉没，后来波兰海军在深海中发现了该舰的残骸。

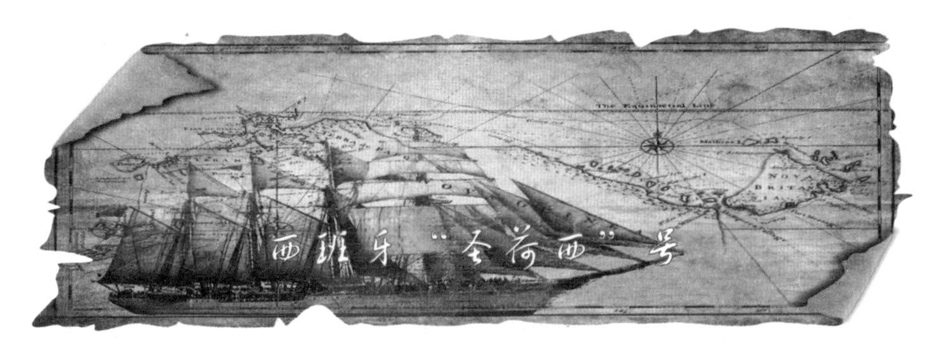

西班牙“圣荷西”号

1708年5月28日，天气晴朗，一艘西班牙大帆船“圣荷西”号缓缓从巴拿马启航，向西班牙领海驶去，这艘警备森严的船上载满着金条、银条、金币、金铸灯台、祭坛用品的珠宝，这批宝藏据估计至少值10亿美元。当时，西班牙正与英国、荷兰等国处于敌对状态，英国著名海军将领韦格正率领着一支强大的舰队在附近巡逻，危险会时时降临。然而“圣荷西”号船长费德兹全然不顾，一则他回国心切，二则他过于迷信偶然性的幸运，竟天真地认为：大海何其广大，难道会这么巧遇上敌舰吗?

“圣荷西”号帆船平安行驶了几天，船长显得轻松自信了，直至

6月8日，当人们惊恐地发现前面海域上一字排开的英国舰队时，全都傻了眼，猛然间，炮火密布，水柱冲天，几颗炮弹落在“圣荷西”号的甲板上，海水渐渐吞噬着这巨大的船体，“圣荷西”号连同600多名船员以及那无数珍宝沉往海底。沉落地点经无数寻宝者的测定，终于有了一个大概的结果：它大约在距哥伦比亚海岸约16英里的加勒比海740英尺深的海底。

俗话说：“近水楼台先得月。”1983年，哥伦比亚公共部长西格维亚正式庄严宣布：“圣荷西”号是哥伦比亚国的国家财产，不属于那些贪得无厌的寻宝者。人们估计，哥伦比亚政府已经勘察出沉船的地点了，尽管打捞费用高达3000万美元，但它与这批宝藏相比就算不了什么。近年打捞正在进行。但结果如何，目前仍是未知数。

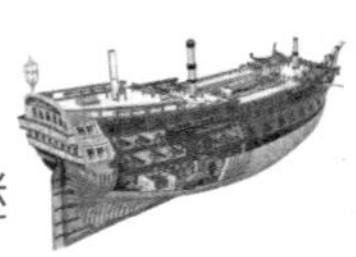

世界著名沉船事件（3）

10. 18世纪英国著名军舰“胜利号”

经过全面的考古，考古学家发现1744年沉没于强烈暴风雨中的英国著名军舰“胜利号”位于英吉利海峡330英尺深的海域中。据悉，“胜利号”沉没后，虽然人们在多处地方发现了该军舰的残骸碎片，但是该军舰确切的沉没地点仍无人知道。曾有专家认为，“胜利号”是在奥尔德尼岛周边水域触礁沉没，对此舰长约翰·鲍尔钦爵士和奥尔德尼岛灯塔看守人负有主要责任。

但目前的发现澄清了并不是他们失职造成军舰沉没。依据奥德赛海事打捞公司宣称，“胜利号”军舰上至少有900人，其中有110门火炮，可能在舰船上装载着4吨重的金币。如上图所示，这是打捞上岸的“胜利号”军舰的一个铜炮，上面刻有乔治一世的王冠图案。

11. 秘鲁和西班牙争夺价值5亿美元的海底宝藏

秘鲁和西班牙政府就1804年被英国军舰击沉的一艘西班牙军舰上的价值5亿美元银币的归属问题打上了官司，2007年，奥德赛海事打捞公司宣称发现了一处海洋宝藏，虽然该公司试图保守这只军舰的来源和在大西洋失事的具体位置，2008年这一秘密还是走漏了风声。随后西班牙政府宣称，这些宝藏属于西班牙沉没的大帆船“Nuestra Senora de las Mercedes”号，秘鲁也宣称发现的失事军舰属于本国，并表示在军舰残骸中发现的钱币是秘鲁银币，是在利马铸造的。

西班牙“圣大玛格丽特”号

在1622年，一支西班牙船队满载着从“新世界”掠夺而来的金银财富途经佛罗里达海峡时，遭遇强烈飓风，至少有6艘船只沉没。1980年，探险家发现了“圣大玛格丽特”号沉船上被海水冲散的财宝。美国佛罗里达州基韦斯特蓝海公司的潜水员说，他们当时在基韦斯特以西约65公里的海域搜寻沉船，意外地从海面下5.5米处的海底挖出一个装有数千颗珍珠的密封铅盒和1根金条、8条金链以及数百件手工艺品。海洋考古学家邓肯·马修森说，这些珍珠长从3毫米到19毫米不等，在这些珍珠未得到恰当清理收藏前，我们无法知道其确切价值，但看起来价值可能达到数百万美元。考古学家兼文物收藏顾问詹姆斯·辛克莱尔认为，此次打捞上的珍珠年代久远且保存良好，十分稀有。一般来说，珍珠脱离蚌壳后很难在海水中保存，而这些珍珠受到铅盒以及渗入盒中的海底淤泥保护，至今仍未遭到腐蚀，这的确是科学家很难解释的谜团。

海底宝藏小百科

珍珠的成因

珍珠的成因包括内外两部分：

1. 外因

蚌的外套膜受到异物（砂粒、寄生虫）侵入的刺激，受刺激处的表皮细胞以异物为核，陷入外套膜的结缔组织中，陷入的部分外套膜表皮细胞自行分裂形成珍珠囊，珍珠囊细胞分泌珍珠质，层复一层把核包被起来即成珍珠。以异物为核称为“有核珍珠”。

2. 内因

外套膜外表皮受到病理刺激后，一部分进行细胞分裂，发生分离，随即包被了自己分泌的有机物质，同时逐渐陷入外套膜结缔组织中，形成珍珠囊，形成珍珠。由于没有异物为核，称为“无核珍珠”。

现在人工养殖的珍珠，就是根据上述原理，用人工的方法，从育珠蚌外套膜剪下活的上皮细胞小片（简称细胞小片），与蚌壳制备的人工核、一起植入蚌的外套膜结缔组织中，植入的细胞小片，依靠结缔组织提供的营养，围绕人工核迅速增殖，形成珍珠囊，分泌珍珠质，从而生成人工有核珍珠。人工无核珍珠，是对外套膜施术时，仅植入细胞小片，经细胞增殖形成珍珠囊，并向囊内分泌珍珠质，生成的珍珠。

产珍珠的贝类包括：

1. 珠贝母

珠贝母为暖海底栖贝类，具二枚介壳，左右不等，左壳比右壳略大，且凹陷较右壳为深。壳之长度与高度差不多相等，通常长高为6～7厘米左右，大者可大于10厘米。前耳突大而短，后耳突长。壳面黄褐色，具黑色放射条纹。生长级明显。具有密生鳞片，易碎断，近壳顶处较为平滑。壳内白色或带淡黄色，富有珍珠光泽。壳缘较薄，呈黄褐色，铰合处平直有1～2个主齿。韧带细长，呈褐色。闭壳肌痕大，略呈耳形，几乎位于壳之中央。壳顶位于前端，距离近。足小，能生足丝线，于右壳前面之小孔伸出。附着于岩礁砂。当珍珠母贝和蚌贝在水中生长时，若偶然遇有细粒

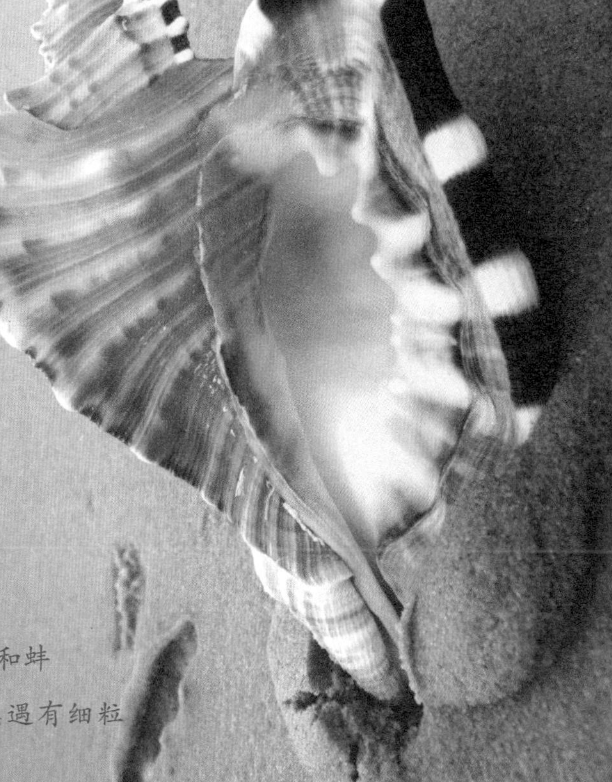

或较硬质的生物窜入壳中外套膜内，外套膜受到刺激后，殊感不适，遂分泌真珠质逐渐包围由外窜入的砂粒或生物，并日益增大成为珍珠。

主要分布于海南岛及广东其他沿海地区。

2. 褶纹冠蚌

褶纹冠蚌属于淡水底栖贝类。壳厚大，外形略似不等边三角形。前部短而低，前背缘冠突不明显，后部长高，后背缘向上斜出伸展成为大形的冠。壳的后背部自壳顶起向后有一系列的逐渐粗大的纵肋。后缘圆。腹缘长近直线。壳顶位于距前端壳长约1/6处，壳顶有数条肋脉。成体的冠常仅留残痕，幼体的贝壳一般完整。壳表面深黄绿色至黑褐色，壳顶常受侵蚀而失去表层颜色。铰合部强大，韧带粗壮，位于冠的基部。左右两壳各具有一高大的后侧齿。前侧齿细弱，后侧齿下方与外面相应有纵突和凹沟数个。前闭壳肌痕大呈楔状，伸足肌痕圆形，前缩足肌痕小而深，后闭壳肌痕大而浅，外套肌痕宽，真珠层有光泽。生活在江河、湖沼的泥底，行动缓慢。

分布于全国各地，黑龙江省的镜泊湖和松花江，安徽省的宁国，江苏省的武进，北京等地，都有发现。此种蚌可用来产生珍珠，贝壳为制造纽扣的原料。

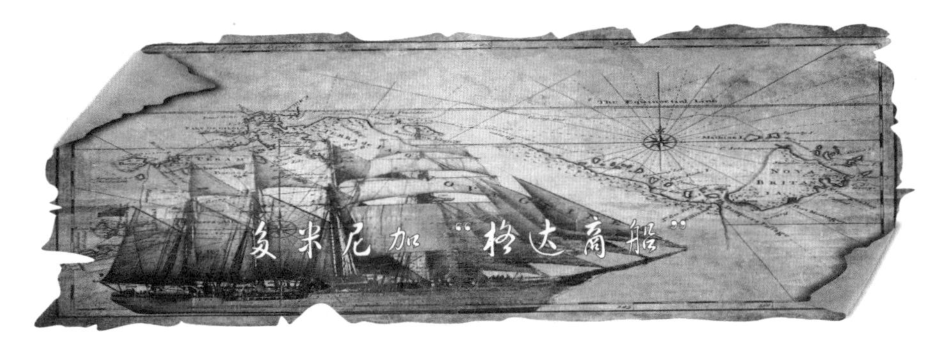

印第安人所拥有的"格达商船"曾经被17世纪著名的海上枭雄威廉·基德夺取后从而变成一艘海盗船。该船于1699被基德船长抛弃，其残骸于2008年在多米尼加共和国附近海域被发现。美国印第安纳大学海下考古队发表报告称，他们是在多米尼加共和国圣卡塔利娜岛海岸附近水下约3米处发现的这艘沉船残骸。考古专家贝克说，寻宝者曾经疯狂寻找"格达"号沉船，还曾经有人得到多米尼加政府的许可，在圣卡塔利娜岛附近海域搜寻沉船残骸，但从未成功。历史学家认为，基德船长当年在印度洋劫下"格达"号时，船上装满了布匹、黄金、白银和丝绸，以及其他宝物。后来为证明自己的清白，基德船长前往纽约为自己辩护，中途航行至加勒比海时故意放弃了"格达"号和所有船员。印第安纳大学人类学教授杰弗里·康拉德说，基德船长将"格达"号遗弃在加勒比海域后，船上的船员将宝物洗劫一空并将船沉入海底。但是，事情究竟如何，我们也不得而知，唯有等待确切的记载来揭开这个难解的谜。

海上枭雄威廉·基德

威廉·基德大约出生于1645年，是格林诺克郡一位牧师的儿子。传说中基德出生于北爱尔兰贝尔法斯特，但其自称出生于苏格兰格林诺克，有现代研究指其出生于邓迪。在他5岁时，父亲过世，之后全家移民纽约殖民地。并在那里结婚成家。他亲自担任船长，在加勒比海从事海上贸易，赚了一大笔钱。在1690年前后的英法战争期间，他成功地维持了美国与英国之间的贸易航道。

在大同盟战争期间，基德奉命捕获了一艘敌方私掠船，之后他也获得当地总督的许可证，在加勒比海地区进行武装私掠活动。

1695年12月11日，基德接受纽约、马萨诸塞和新罕布什尔总督，首任贝洛蒙特伯爵的请求，对印度洋中

的海盗和法国船只开展攻击，为此，英国国王威廉三世向基德发放了私掠许可证，并规定其虏获的10%归英国王室所有。次年9月，基德绕过好望角，进入印度洋活动。但是不幸的是，基德在印度洋中很长时间内都没有找到海盗。据爱德华·巴罗，一位英国东印度公司的船长声称，处于困窘之下的基德袭击了一艘由东印度公司保护的莫卧儿帝国使者船。

很快，基德被宣布为海盗。1698年，基德打着法国旗号袭击了一艘船籍为亚美尼亚的商船——奎达商人号，该船持有法国东印度公司的通行证，载有大量丝绸、黄金等贵重商品。当发现商船的船长是一位英国人后，基德劝说其船员将该船放行，但是其船员拒绝了，认为根据私掠许可证，他们完全可以合法劫掠任何在法国保护下的商船。基德最终向船员让步。

当奎达商人号被劫的消息传到伦敦后，基德的海盗罪名被核实，英国政府开出高额悬赏追捕基德。1698年4月1日，基德在马达加斯加遇到了海盗罗伯特·库利福德，其大部分船员都叛离他投靠库利福德，仅有

13人留了下来，与其踏上回乡之路。

基德回到加勒比海之后，得知自己已经被列入海盗名单，于是他弃船前往纽约，希望能为自己辩解。据传在到达纽约之前，基德将其财宝埋藏在长岛西端的加迪纳斯岛上。贝洛蒙特伯爵得知基德返回的消息时正在波士顿，他担心自己受到基德的牵连，于是在1699年7月6日将其诱骗到波士顿加以逮捕，立即下狱。在狱中基德受到了残酷的折磨，据称精神失常。

在临死前，他交给妻子1张字条，上面写着4组数字：44–10–66–18。

最终，基德未能说服英国政府相信他的清白，于1701年在伦敦被处以绞刑。1701年5月23日，基德伦敦码头行绞刑。第一次上绞架，绳子断了。但执行者们不在乎，在第二次终于绞死了他。威廉·基德的尸身被涂上柏油，绕上铁链，装在一只笼子里，悬挂于泰晤士河河畔有两年之久，以震慑其他的海盗，但他至死不承认自己是海盗。

1932年到1933年，有个叫帕尔默的英国人在基德用过的三个箱子里发现了三张藏宝图，上面画着同样的一个小岛和相应的经纬度。但帕尔默突然神秘死亡，藏宝图落在女管家手中。1937年，一个名叫魏金斯的人声称见到了第4张藏宝图。

1951年，探险家布劳恩雷得到藏宝图，组织寻宝，但遇上了飓风被迫空手而归。就这样，基德的宝藏故事，连同传说中7人要因寻找基德宝藏而死的诅咒一直流传至今。而宝藏依然未见踪影。

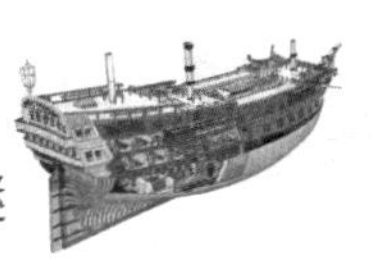

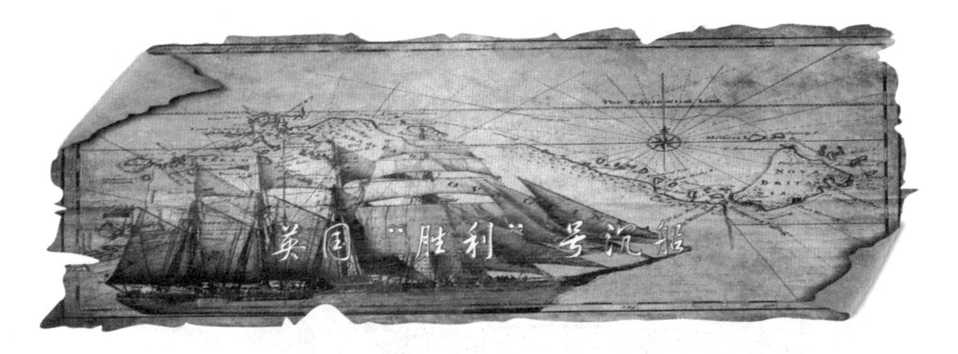

英国"胜利"号沉船

在1744年，英国著名的战舰皇家海军"胜利"号由于遭遇暴风袭击而沉没于英吉利海峡，当时船上共载有至少900人。"胜利"号长53米，搭载110门铜炮，堪称那个时代装备最精良的军舰。2009年2月，美国奥德赛海洋探索公司宣称他们发现了这艘沉船的残骸。奥德赛公司现阶段只从"胜利"号沉没区域打捞出两门铜炮。公司人员勘测了水下约100米的船只残骸后认为，"胜利"号上载有大约10万枚、总计4吨重的金币，价值可能超过公司在2007年发现的西班牙帆船。"胜利"号沉没后，人们曾在多处地方发现这艘船的碎片。但"胜利"号军舰主体确切沉没地点始终无人知晓，成了一个未解的谜。

不少专家认为，"胜利"号其实是在邻近法国瑟堡的奥尔德尼小岛附近水域触礁沉没的。船长约

翰·鲍尔钦爵士和当时的奥尔德尼岛灯塔看守人为此曾备受批评。此次发现"胜利号"残骸的奥德赛公司是世界知名沉船搜索、打捞和沉船物品销售公司，拥有远程控制、机器人等先进技术和深海摄像机等尖端设备。

为了搞垮英国经济，德国决定发行大量假英镑，并把这项任务交给了帝国中央保安总局第四局，并成立了一个叫做SHARP4的心部门监管此事。1942年的夏天，党卫军在萨克森豪森集中营开设了印刷伪钞的工厂，伯恩哈德·克鲁格少校领导伪造工作，这就是“伯恩哈德行动”。该计划在柏林又被称作“一号行动”。纳粹尾刺集中了德国最优秀的雕刻专家、造纸技术和数学专家，并负责推算英镑编号纸币的编号规则。

萨克森豪森的印钞车间与集中营的其他区域互相隔离，由职业印刷匠博德领导60名囚犯日夜工作。

随着伪造工作的进行，假币的质量也不断提升。德国特工曾专门

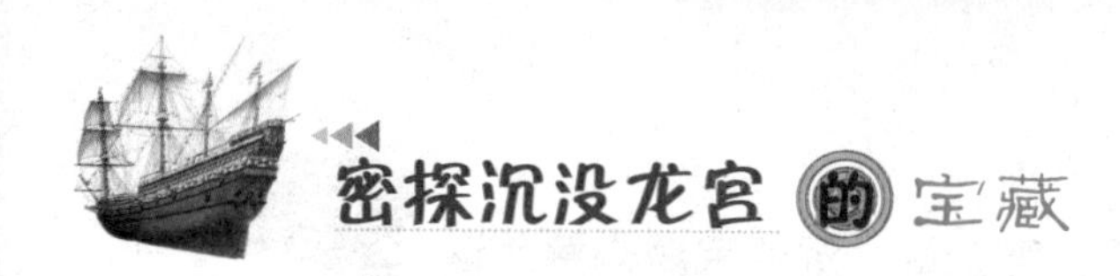

携带一批5镑和10镑纸币前往瑞士兑换成瑞士法郎，并大胆地要求检验这些英镑的真伪（他解释说这些英镑是在黑市买来的）。经过提醒，银行从中拣出了约10%的“伪币”，将剩下的假英镑全额收下。印刷精美、质量高超的假英镑甚至骗过了银行的资深职员。只是一次偶然，英格兰银行发现了一批假币，并为这名特工的“诚实”感谢不迭。英国人也是通过偶然的机会发现了假英镑的存在：一位英格兰银行职员偶然发现她手中的两张钞票的序列号竟然是一样的。可见，假币已经到了以假乱真的程度。只有通过检查序列号才能发现。

1945年5月初一的一天，一个常在沪上打渔的渔夫，忽然发现湖中漂浮着一张印着莫名其妙符号的纸片。捞上来后才发现这是一张不

知是哪国的钞票。第二天，渔夫拿着那张钞票来到了巴特奥赛的一家银行，银行支付给他一笔数目客观的奥地利先令。一夜之间，渔夫暴富。于是他更加仔细地检查了那个捡到纸片的地方，结果又找到了同样的纸片。于是，他接二连三的来到那家银行在领取先令，终于有一天，在付款窗口旁边被两个美国军官拦住了……

不久，党卫军曾把托普里塞湖当作保存财宝的“保险柜”的消息不胫而走。紧接着传闻四起，说托普里塞湖里埋藏着党卫军攫取的黄金，即德意志帝国的黄金储备。传闻过了很久后才被证实。

1946年2月，两位林茨的工程师——奥地利人赫尔穆特·梅尔和路德维格·皮克雷尔来到托普里塞湖。通行的还有一个叫做汉斯·哈斯林格的人。再后来奥地利宪兵队的调查资料中，他们均被列为“旅游者”。三个奥地利人在湖边支起了帐篷。作为有经验的登山家，他们决定登上可以俯瞰整个托普里塞湖的克劳冯格山。哈斯林格或许感到了某种不好的兆头。或许本来就知道此举的危险性，与另两位同行了一昼夜后，半路返回了出发地。一个月后，那两个登山家已经是杳无音讯，营救小组开始寻找。在山顶发现了一座用雪堆做成的小屋，旁边有两具尸体，皮克雷尔的肚子被剖开，胃被塞到了背囊里。案情很长时间都是个谜。后来查明，原来，二战期间这两位都参加过托普里塞湖边一个“试验站”的工作，德国海军在“试验站”进行过新式

武器的研究。显然，两个知情者被灭口了。1947年，市场出现在托普里塞湖周围的外地人当中，有一个指认是前德军参谋官鲍曼。奥地利法院起诉他在战争快要结束的时候曾经从这里拿走过收藏的古币。在托普里塞湖地区一个别墅花园的干枯花丛里发现了一堆废弹药，下面藏着三只箱子，里面有1092万枚金币和一块500克重的金锭。环湖的一带的种种发现引起了跃跃欲试的骚动，人们趋之若鹜地涌向了托普里塞湖。1950年8月，汉堡工程师开勒博士和职业攀岩运动员格伦斯来到这里。他们试图爬上雷赫施泰因山南坡的一处峭壁，因为从那里观看托普里塞湖可谓一览无余。结果，格伦斯失踪了。他身上的安全绳“意外”的断了，凯乐博士做了见证。而不久他也突然失踪了。格伦斯的亲属进行了私人调查，他们注意到，失踪的凯乐博士战时曾在党卫军服役，担任潜艇秘密基地的负责人。回想起来，正是潜艇军人才有可能与托普里塞湖边的“试验站”发生瓜葛，才有可能成为转运和储藏帝国财宝的同伙。

同年的夏天，三个法国学者光顾托普里塞湖。他们说着半通不通的德国语在旅馆开了一个房间，然后前往当地警察局出示了一封奥

地利因斯布鲁克市军方开出的介绍信。信中说，该三位法国学者专门研究阿尔卑斯山区湖泊的生物，他们需要潜入托普里塞湖湖底，请求当地检察机关在法国学者的科考过程中给与支持。奥地利当地警察局毫无保留地批准了三名外国人员在托普里塞湖考察。三个法国人返回的那天，他们迫不及待地把四只沉甸甸的箱子装到汽车上，慷慨地付了小费后便原路返回。当旅馆经理到银行兑换从三位学者手中得到的外币时，银行发现竟然是假币。因斯布鲁克市军方对那封所谓的介绍信也是一无所知。旅馆的女服务员后来到警察局反映说，她听到三个“法国人”说着一口地道的汉堡方言。这三个人很可能就是“试验站”的专家。

1952年是“杀人湖”托普里塞湖死亡人数最多的一年，先后有几个人神秘地死于非命。1959年夏天，掩盖“杀人湖”秘密的帷幕开始徐徐拉开。由西德《明星》周刊资助的潜水队获得了在托普里塞湖潜水作业五周的许可证。工作进展的相当顺利：从湖底打捞出15只箱子和铁皮集装箱，在里面发现了

1935年至1937年版的5.5万假钞。

1983年秋初，有一件莫名其妙的悲剧发生在托普里塞湖。一位慕尼黑潜水运动员A.阿格纳不顾当地政府的禁令潜入湖底，后来飘上来的却是他的尸体。经过调查后发现，不知道是谁暗中割破了他的氧气管。这次事件之后，奥地利当局制止了一切在托普里塞湖的民间业余潜水活动，除非持有特别许可证才行。1984年11月，西德考察专家汉斯·弗里克教授宣布，他将乘坐特制的微型潜艇深入托普里塞湖进行探查。11月15日，奥地利一家报纸披露，汉斯·弗里克乘坐特制的微型潜水艇在水下80米处发现了假英镑，并且打捞上来一些水雷、轰炸机骨架、带水下发射装置的火箭磨损部件等，可是，关于大家都关心的第三帝国的黄金却只字未提。弗里克对此保持沉默。《巴斯塔》报纸披露：弗里克与西德侦查部门有密切的联系。教授考察的黄金来源也是个谜。持续了几个月的考古

活动每天需要三万先令的支持，而且出面考察的西德考察学会不曾为弗里克提供过一个马克。发生在托普里塞湖所有奇奇怪怪事情的前前后后引起了奥地利政府的警惕，当局决定把托普里塞湖的探查工作置于自己的管辖和监督之下。

1984年11月，奥地利军队的考察专家们开赴托普里塞湖。宪兵队在所有的通往湖区的大小路上实行戒严。专家们在湖底发现了假币，还打捞出了一枚长3.5米、重1吨的火箭。沉在湖底40年之久的金属骨架竟然没有一丝铁锈的痕迹，这使得美国工兵部队深感惊讶。在湖底南部，奥地利扫雷部队的专家们借助于探雷器和检波器发现，湖底可能有大量的金属存在，金属集中在大约40平方米左右的范围内。是黄金还是地下导弹库？对此，奥地利侦察部门的人员表示，目前还很难确定发现的这些金属到底是稀有金属还是第三帝国埋藏的黄金。奥地利考察军队的专家们此次收获颇丰。在距离岸边仅有70米的环湖山岩的峭壁上发现了一个似乎是地下仓库的入口，但是遗憾的是，入口已经被炸毁。专家们找到了有关的

见证人，得知在战争结束的时候，入口还没有被炸毁，此人曾经顺着坑道爬进了一个人造的大山洞，里面放着写有“易爆品”的箱子。战时确实有一批囚犯被押解到托普里塞湖修筑地下工程，这些囚犯在湖底水下开凿过水平坑道以及一些入口。

1985年，托普里塞湖的寻宝活动翻开了新的一页。萨尔茨堡兵工小分队试图从森林密布的湖南岸进入湖底的地下坑道。但是，当时专家们推断，希特勒分子有可能在通往财宝埋藏的坑道里布下地雷之后，所有的考察活动便停止了。结果，这个“阿里巴巴山洞”里边到底藏有什么，至今是个未解的谜。

第三章

沉船宝藏大发现

自古以来，宝物的找寻一直是人们获得财富的一条捷径，也是人类探险的驱动力之一。过去，寻宝者大都将目光投向地下或人迹罕至的地上遗迹。但随着各国逐步加强对地上、地下文物的管制，并在法律上确认此类文物属于所在国的文化和自然遗产，在陆地上寻找宝物的空间也就越来越小。20世纪40年代后，随着水中呼吸机的发明，人们很容易地就可以潜入更深的海洋进行勘探，于是海底沉船也逐渐“浮出了水面”。一艘普通的中型商船上就能装载10万件以上的瓷器，如此数量庞大的文物当然具有巨大的经济价值。越来越多的国家和私人公司把目光瞄准了千百年来“睡”在海底的财宝上，全球性的“沉船打捞热”正在各海域不断升温。

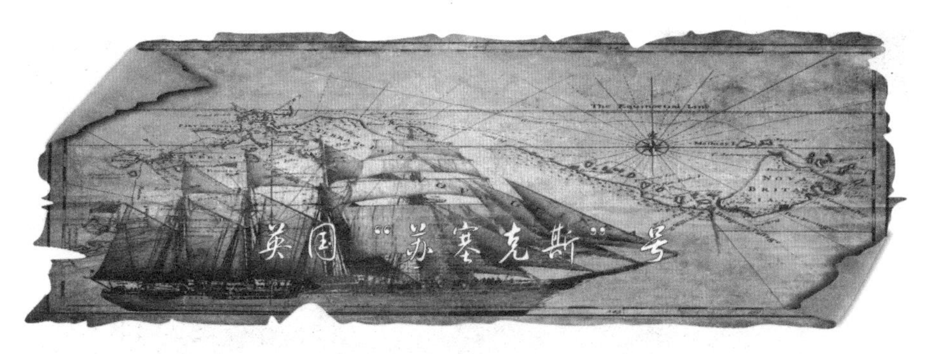

英国"苏塞克斯"号

在300多年前，直布罗陀海峡以东的一处海域上，号称"太阳国王"的法国国王路易十四野心勃勃地进行海上扩张，英国纠集西班牙、荷兰等国结成联盟，与法国展开了一场争夺战。位于法国东南侧的萨伏伊公国虽然只是一个弹丸小国，但却是进出巴黎的门户，因此显得特别重要，成为英法争相拉拢的对象。萨伏伊公国在经济上非常依赖法国，英国要想把它拉过来，就必须"晓之以利"，用大把的金币收买它。

路易十四

据史料记载，英国国王于1693年签署了一份文件，并于次年派出一艘名叫"苏塞克斯"的战舰和12艘护卫舰，前往地中海增援在那里与法国交战的英国部队。这支战舰还有一项不为人知的使命：它要把英国国王的厚礼——10吨金币送给萨伏伊公爵，借此拉他与英国联手，阻止路易十四的扩张计划。

配有550名船员和80门大炮的“苏克塞斯”号与护卫舰浩浩荡荡地驶向目的地。不料，舰队在直布罗陀海峡附近遭到了暴风雨的袭击。在惊涛骇浪中，“苏塞克斯”号及其护卫舰全部沉没，只有2名船员得以生还，现价值35亿欧元的金币全部沉落海底，不知所踪。历史学家指出，由于“苏塞克斯”号的沉没，没有收到厚礼的萨伏伊公爵最终倒向了法国这一边，这不但改变了英法海上霸权争夺战的结果，而且还在一定程度上改变了北美大陆的历史。萨伏伊王朝倒向法国后，英法海上争霸战陷入了难分难解的状态，并对北美大陆产生连锁反应。由于英法都无暇顾及各自在北美的利益，从而为北美革命的孕育提供了良好的环境，并由此促使了美国的诞生。

“苏塞克斯”号战舰沉没后，英国政府曾多方搜寻它的踪迹，但一直没有成功。300多年后的今天，打捞技术的进步让宝船重见天日成为可能。

1995年，总部设在佛罗里达州坦帕市的美国著名海上探险公司奥德塞公司对这艘宝船产生了浓厚的兴趣。奥德赛公司是世界上首屈一指的沉船搜索、打捞专业公司，与

政界、考古界和海洋研究团体的关系密切。该公司曾成功地打捞过沉入海底的装有珠宝的飞机、第一次世界大战中沉没的满载金银财宝的客轮以及一些西班牙古帆船。1998年9月，它还因打捞出古迦太基沉船“美喀斯”号而名噪一时。

1995年，一名研究人员找到奥德赛公司，声称有历史资料显示，沉没在直布罗陀海域的“苏塞克斯”号上有大量珍宝。奥德赛公司得知这一消息后，立即派人到英国、西班牙、法国、荷兰以及美国等国的档案馆查找相关史料，并最终确定“苏塞克斯”号在沉没时的确装载有10吨金币。奥德赛公司认为，这艘宝船的价值不仅在于这10吨金币，还在于其背后所蕴涵的珍贵的历史价值，而这又会使这些金币成为无价之宝。

经过探测，奥德赛公司最终把“苏塞克斯”号沉船的位置锁定在了直布罗陀海峡东部海域水下900米深处。之后，奥德赛公司开始与英国国防部接触，并于1998年与英国皇家海事博物馆签订协议，开始了代号为“剑桥行动”的打捞工作。

奥德赛公司利用声波探测技术，测定了船的具体位置，随后

启用电子机器人潜入水下900米深处，对古船残骸进行拍照和取样。经过3年多的努力，奥德赛公司已经打捞出一门船尾大炮、几颗炮弹以及一些铁枪。而且，根据机器人所拍摄的录像，可以依稀分辨出该沉船的船锚与17世纪末英国古战舰的船锚相似。参加探险行动的英国海上考古专家多布森在提交给英国国防部的报告中说，打捞起来的样品表明，奥德赛公司在直布罗陀海峡发现的沉船就是“苏塞克斯”号。

这些发现让奥德赛公司和英国政府兴奋不已。对奥德赛公司来说，虽然它已为打捞“苏塞克斯”号花了300万美元，但是只要正式打捞工作一开始，他们就会有32万美元的进账，此后随着打捞工作的进一步展开，“白花花的银子”更会汩汩而来。根据奥德赛公司与英国政府达成的协议，如果打捞出来的财宝价值在2800万英镑以下，奥德赛公司将得到这批财宝的80%作为报酬；如果超过2800万英镑，双方各得50%；一旦财宝价值达到3.19亿英镑，英国政府的份额就上升到60%。

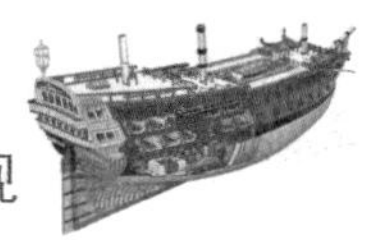

直布罗陀海峡

直布罗陀海峡位于欧洲伊比利亚半岛南端与非洲大陆西北角之间，沟通大西洋与地中海的唯一水道。

直布罗陀海峡西端，在北部的特拉法加尔角与南部的斯帕特尔角之间，宽43公里）；海峡东端，在北部的直布罗陀岩赫丘利斯柱与南部的休达（西班牙在摩洛哥的飞地）正东的阿科山之间，宽23公里。海峡是北非阿特拉斯山与西班牙高原之间所形成的弧状构造带的一个缺口，平均深度365米。海峡风向多为东风或西风，从北方进入西地中海的浅冷气团，往往成为低层高速东风穿过，当地称为累凡特风。从大西

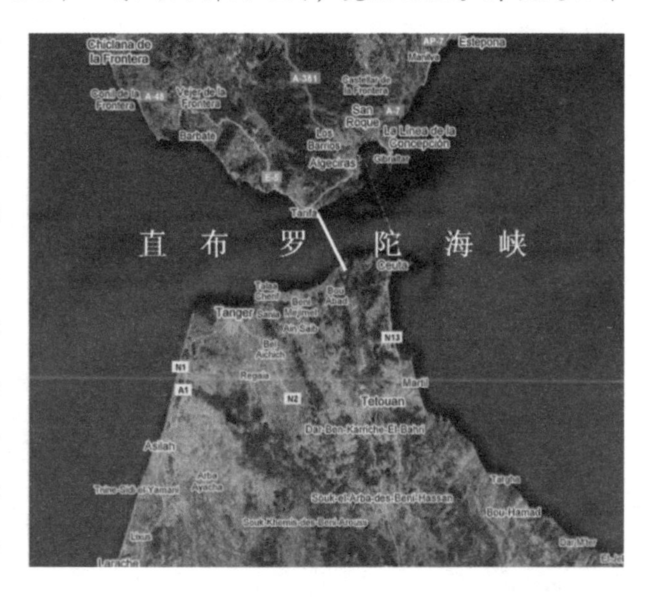

洋有流速为2节的表面洋流向东经过海峡流入地中海，其流量大于在深约122公尺向西流动的较重、较冷的、较咸的洋流，因此海峡的存在使地中海避免成为一个萎缩的盐湖。由于海峡具有重大的战略和经济价值，早期为大西洋航海家所利用，至今仍然是经大西洋通往南欧、北非和西亚的重要航路。

因东西部密度差异，自大西洋经直布罗陀海峡流向地中海的海流速度为每小时4公里。直布罗陀海峡潮流湍急，如果碰上顶流，船速将下降4~5节并不感到意外。在4～5月的季节中，由于地中海和大西洋的水面温差和上空的暖湿气流汇聚后会产生大片的雾区，笼罩了整个直布罗陀海峡，可以说站在驾驶台侧翼近距离的两人如同黑夜一样达到“伸手不见五指”的程度，这样的雾天，对于航行的船舶来讲无疑是可怕的。

直布罗陀海峡扼地中海和大西洋航道的咽喉，和地中海一起构成了欧洲和非洲之间的天然分界线。海峡的北岸是英属直布罗陀和西班牙，南岸是摩洛哥。对于大西洋和地中海来说，直布罗陀海峡真像它们的咽喉一样重要。

直布罗陀海峡连接地中海和大西洋，是地中海地区经大西洋通往南欧、北非和西亚的重要航路。1869年苏伊士运河通航后，尤其是波斯湾的油田得到开发之后，它的战略地位更加重要，成为西欧能源运输的“生命线”，是大西洋与地中海以及印度洋、太平洋间海上交通重要航线。现在，每天有千百艘船只通过海峡，每年可达十万艘，是国际航运中最繁忙的通道之一，具有重要的经济和战略地位。

Gibraltar
Mediterranean Sea
Mediterranean Sea
Morocco
Atlantic Ocean

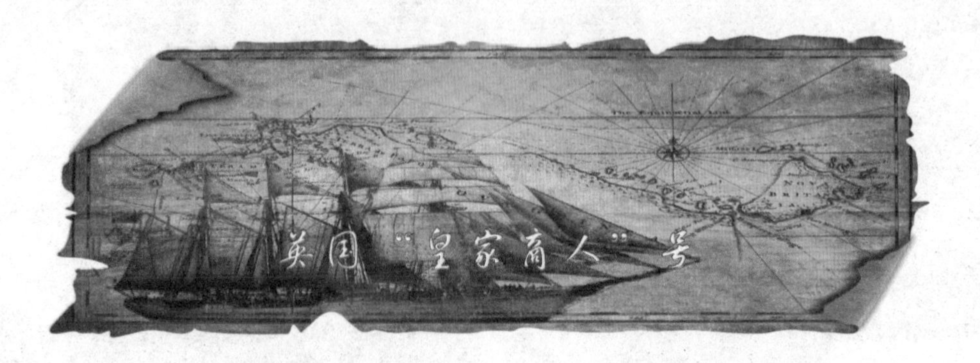

英国“皇家商人”号

在1641年的一天，“皇家商人”号货轮满载金银财宝，从墨西哥起航，准备经大西洋返回英格兰达特茅斯港。然而，在驶抵英格兰康沃尔郡的锡利群岛附近时，由于海上天气突变，该船不幸失事沉没。这对于当时的英国财政部乃至整个英国，无疑是莫大的损失。得知这一惊人消息之后，当时正在召开的英国众议院会议也被迫为之中断。“皇家商人”号沉没后，英国政府曾多次派出军舰和渔船搜寻它的踪迹，但一直没有成功。

在2007年5月18日，世界打捞业巨头、美国“奥德赛海洋勘探”公司宣布，该公司在一次代号为“黑天鹅”的探宝行动中，通过先进的遥控小型潜水艇，从大西洋海底一艘古老沉船上，起获重达17吨的殖民时期金银财宝，包括约50万枚银币和数百枚金币，以及黄金饰物、餐具和文物，总价值至少为5亿美元。该公司称，这是人类有史以来“出水”的最大一笔海底沉船财富。

珍稀古币专家尼克·布鲁耶说：“这次发现史无前例。我从不知道有任何一次发现能等同于它或与之相比。”布鲁耶还说：“最早发现的6000枚银币保存情况相当完好，这令我们非常惊讶。而随后发

现的金币则几乎完好无损，更让人眼花缭乱。这些钱币的来源、年代和特征各不相同，我们对此兴奋不已。我们相信，收藏界看到这批各式各样的钱币质量如此之高，一定会大为震惊。”

据悉，基于法律和安全的考虑，奥德赛公司并未公布该沉船的具体方位和深度，以及任何有关钱币的具体信息，如所属国家、种类和面值等。该公司还表示，由于当地海域拥有众多殖民时代的沉船遗骸，暂时无法确定这条沉船的所属国家和年代。然而，法庭记录显示，奥德赛公司曾向美国联邦法院申请，获得在英格兰西南端兰兹角约40英里（约64公里）处独家

打捞的权利。有英国官员推测后认定，奥德赛公司此番起获的这艘沉船，就是当年在英格兰康沃尔郡锡利群岛附近沉没的“皇家商人”号！究竟事实是否如此，还需要等待进一步的研究判断，但这一次事件却也让那艘已经为人所忘记的“皇家商人”号重新被人们记起。

奥德赛海洋勘探公司表示，此次打捞上来的金银古币是人类有史以来被打捞出水的最大一笔沉船财富。在此之前，史上出水的最昂贵沉船财宝是在佛罗里达附近海域沉没的西班牙“阿托卡夫人号”大型帆船上发现的，这艘船在1622年的一场飓风中沉入大海，著名寻宝人梅尔·菲谢尔于1985年在海底找到了这艘沉船的遗骸，并从中打捞出了4亿美元的宝藏，其中包括40吨金币和银币，以及40公斤祖母绿宝石。

另一个海洋打捞公司“深海研究公司”通过遥控工具，据称也在古巴附近海域锁定了一艘18世纪法国沉船的位置，这艘船是在离开古巴后不久被一阵飓风刮沉的，它上面载有17箱金块、15000块金币、6箱珠宝和超过100万枚银币，这艘沉船上的财宝如果全被打捞上来，目前的价值可能将超过20亿美元。这将是一笔非常巨大的财富。

沉船宝藏小百科

祖母绿宝石简介

祖母绿的名称，源于古波斯语“ZUMURUD”（现俄语仍发此音）。该词来到我国，几百年间曾先后译成“助木剌”“子母绿”“芝麻绿”等，直到近代才统称为今天的“祖母绿”。因此“祖母绿”只是译音，和祖母没有任何关系，切不可认为这种宝石是专供上年纪的女性佩带的。

祖母绿与钻石、红宝石、蓝宝石并称世界四大名宝石。它的化学名称是：铍铝硅酸盐（$Be_3Al_2Si_6O_{18}$）属绿柱石家族。因含微量的“铬”元素

而呈现出晶莹艳美的绿色。其物理性质：（1）硬度：7.5°～8°。（2）密度：2.67～2.78克/立方厘米。（3）折射率：1.56～1.60。（4）双折射率：0.004～0.010。（5）光泽：玻璃光泽。祖母绿是一种很有历史渊源的宝石。据学者考证，约在4000多年前，祖母绿就被发掘于埃及的尼罗河上游，红海西岸地区。而我国从明朝以后皇陵出土文物中可见。

祖母绿的主要产地有哥伦比亚、乌拉尔、巴西、印度、南非、津巴布维等。

西方的珠宝文化史上，祖母绿被人们视为爱和生命的象征，代表着充满盎然生机的春天。传说中它也是爱神维纳斯所喜爱的宝石，所以，祖母绿又有成功和保障爱情的内涵，它能够给予佩带者诚实、美好的回忆；而它所闪烁的那种神秘的光辉

使它成为最珍贵的宝石之一。祖母绿自被人类发现以来，便被视为具有驱鬼避邪的神奇力量，人们将祖母绿用作护身符、避邪物或宗教饰物，相信佩带它可以抵御毒蛇猛兽的侵袭。中世纪时期，各种有关珠宝的记载中，祖母绿都是一种治疗攻效很强的宝石，它具有解毒退热的功效，无论是欧洲人还是亚洲人，都认为它治疗痢疾有特效。此外，它对肝脏也有良好的保护作用，可以解除眼睛的疲劳。更神奇的是，祖母绿还有使暴风平静的功效，因此它又可以治疗忧郁和发狂；拥有祖母绿的女性，可保持良好的婚姻生活；将祖母绿含在舌下，可使修行者具有预言能力，持有者在受骗时，祖母绿的颜色会改变，发出危险的信号。

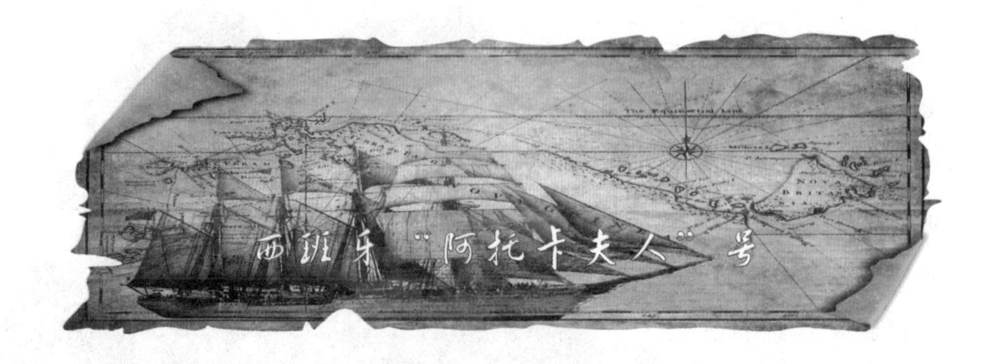

西班牙对殖民财富的掠夺采用了最野蛮的方式，当时南美洲被证实富含金银矿和其他稀有资源，于是西班牙殖民者在新大陆唯一的工作就是开采和经营矿山。一船又一船的金银财宝成为殖民掠夺的罪证。

西班牙的运金船最害怕海盗和飓风，为了对付海盗，每支船队都装备了大炮、船身坚固的“护卫船”，“阿托卡夫人”号就是这样一艘护卫船。1622年8月，“阿托卡夫人”号所在的，由29艘船组成的船队载满财宝从南美返回西班牙。由于是护卫船，大家把最贵重、最多的财宝放在“阿托卡夫人”号上，遗憾的是“阿托卡夫人”号的大炮对飓风没有什么威慑

力。当船队航行到哈瓦那和古巴之间海域时，飓风席卷了船队中落在最后的5艘船。“阿托卡夫人”号由于载重太大，航行速度最慢，成为首当其冲的袭击目标。船很快沉到深17米的海底。其他船只上的水手马上跳下水，希望抢救出一些财宝，但是就在他们找到残骸，准备打捞金条时，又一场更具威力的飓风袭来，所有水下的人都在飓风中丧生。

梅尔·费雪给自己的定义是寻宝人。1955年他成立了一个名叫“拯救财宝”的公司，专门在南加州一带的海域寻找西班牙沉船。在20年的打捞生涯里，费雪先后打捞起6条赫赫有名的西班牙沉船，成为圈中名人，也赚了大把钞票。不知不觉，费雪到了该退休的年龄，不过他不愿意离开打捞船，因为他曾发誓一定要找到传说中有着最多财宝的“阿托卡夫人”号。于是全

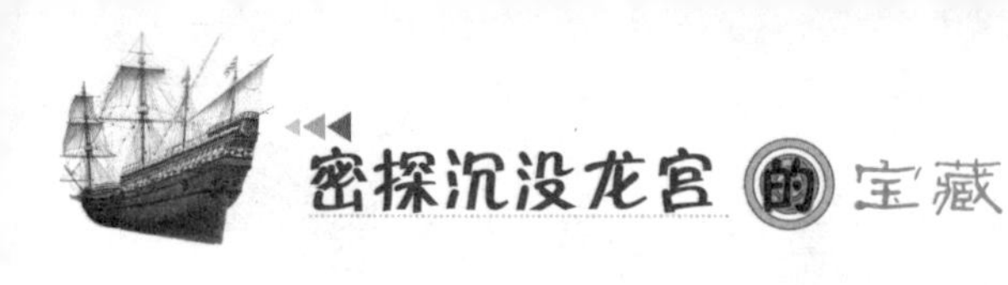

家人为这个理想放弃了公司的正常运转，费雪的妻子、儿子和女儿陪着他一起下水，在海底寻找梦想。他们的搜寻一丝不苟，只要看到不是石头的东西都要用金属探测器探测。1985年7月20日，费雪和家人找到了“阿托卡夫人”号和上面数以吨计的黄金，不过这种喜悦却被30年的艰难磨得十分平淡了。费雪认为上帝一定会让他找到“阿托卡夫人”号，只不过一直考验他的耐心而已。

这个号称海底最大宝藏的沉船上有40吨财宝，其中黄金就有将近8吨，宝石也有500公斤，所有财宝的价值约为4亿美元。费雪寻找“阿托卡夫人”号的故事在美国成了中国“铁杵磨成针”的故事，“寻找阿托卡”竟然也成了常用短语，意思是坚持梦想，必会成功。

“阿托卡夫人”号上的宝藏完全是以量取胜，以吨计的黄金和一个家庭30年的流年使它排在世界十大宝藏的第三位。

黄金简介

黄金在自然界中是以游离状态存在而不能人工合成的天然产物。按其来源的不同和提炼后含量的不同分为生金和熟金等。

生金亦称天然金、荒金、原金，是熟金的半成品，是从矿山或河底冲积层开采的没有经过熔化提炼的黄金。生金分为矿金和沙金两种

矿金也称合质金，产于矿山、金矿，大都是随地下涌出的热泉通过岩石的缝细而沉淀积成，常与石英夹在岩石的缝隙中。矿金大多与其他金属伴生，其中除黄金外还有银、铂、锌等其他金属，在其他金属未提出之前称为合质金。矿金产于不同的矿山而所含的其他金属成分不同，因此，成色高低不一，一般在50%～90%之间。

砂金是古代和近代历史上世界

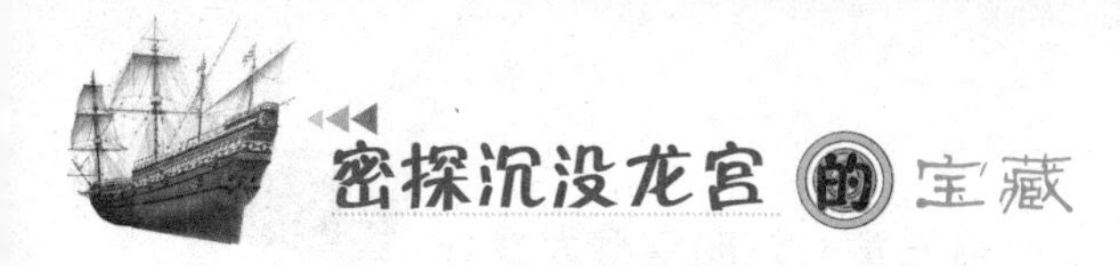

黄金生产的主要矿床，但经过几千年的开采，富矿砂多已枯竭，现在主要以矿金为主，砂金是产于河床湾曲的底层或低洼地带，与石沙混杂在一起，经过淘洗出来的黄金。沙金起源于矿山，是由于金矿石露出地面，经过长期风吹雨打，岩石经风化而崩裂，金便脱离矿脉伴随泥沙顺水而下，自然沉淀在石沙中，在河流底层或砂石下面沉积为含金层，从而形成沙金。沙金的特点是：颗粒大小不一，大的像蚕豆，小的似细沙，形状各异。颜色因成色高低而不同，九成以上为赤黄色，八成为淡黄色，七成为青黄色。

世界现查明的黄金资源量为8.9万吨，储量基础为7.7万吨，储量为4.8万吨。世界上有80多个国家生产金。南非占世界查明黄金资源量和储量基础的 50%，占世界储量的38%；美国占世界查明资源量的12%，占世界储量基础的8%，世界储量的12%。除南非和美国外，主要的黄金资源国是俄罗斯、乌兹别克斯坦、澳大利亚、加拿大、巴西等。在世界80多个黄金生产国中，美洲的产量占世界总产量的33%（其中拉美12%，加拿大7%，美国14%）；非洲占总产量的28%（其中南非22%）；亚太地区总产量的29%（其中澳大利亚占13%，中国占

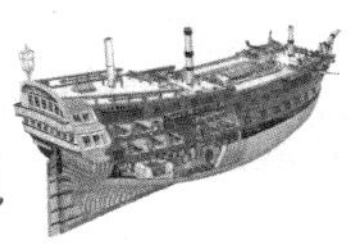

7%）。年产100吨以上的国家，除前面提到的5个国家外，还有印度尼西亚和俄罗斯。年产50吨～100吨的国家有秘鲁、乌兹别克斯坦、加纳、巴西和巴布亚新几内亚。此外墨西哥、菲律宾、津巴布韦、马里、吉尔吉斯坦、韩国、阿根廷、玻利维亚、圭亚那、几内亚、哈萨克斯坦也是重要的金生产国。

K金是指银、铜按一定的比例，按照足金为24K的公式配制而成的黄金。一般来说，K金含银比例越多，色泽越青；含铜比例大，则色泽为紫红。我国的K金在解放初期是按每K4.15%的标准计算，1982年以后，已与国际标准统一起来，以每K为4.1666%作为标准。熟金中因加入其他元素而使黄金在色泽上出现变化，人们通常把被加入了金属银而没有其他金属的熟金称之为"清色金"，而把被掺入了银和其他金属的黄金称为"混色金"。

在理论上100%的金才能称为24K金,但在现实中不可能有100%的黄金,所以我国规定：含量达到99.6%以上（含99.6%）的黄金才能称为24K金。

这几种K金含量为首饰的通用规格，国家规定低于9K的黄金首饰不能称之为黄金首饰。

用文字表达黄金的纯度：有的金首饰上打有文字标记，其规定为：足金——含金量不小于990‰，千足金——含金量大于999‰。

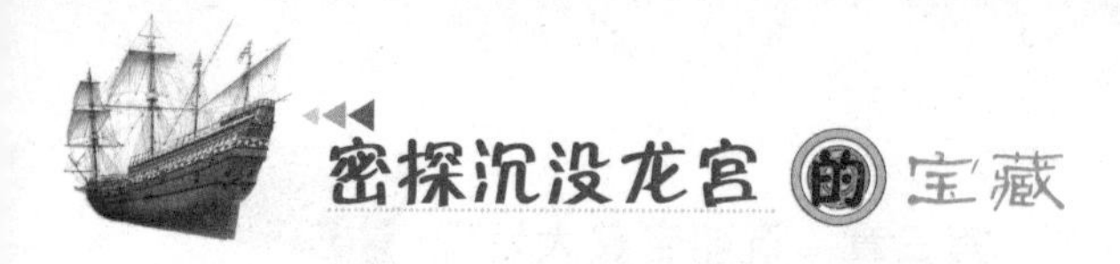

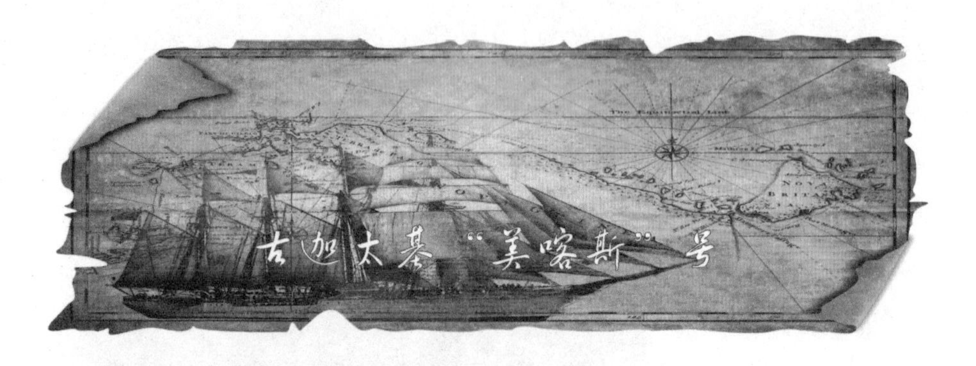

古迦太基“美喀斯”号

美国奥德赛海洋勘探公司在大西洋海底一艘沉船上打捞出重达17吨的殖民时期钱币，包括约50万枚银币和数百枚金币。该公司称，这是有史以来人类“出水”的最大一笔海底沉船财富。

出于安全考虑，奥德赛公司没有透露打捞细节和沉船的具体位置，但法院的相关记录显示，那可能是400年前的一艘沉船，沉没在英国附近海域。

美联社援引奥德赛公司创建人格雷格·斯特默的话说，由于在同一地区发现多艘殖民时期沉船，目前无法确定装载这批钱币的沉船来自哪个国家、哪个年代和船体规模。按照国际惯例，这批“出水”金银币已运回美国，该公司计划将钱币以平均每枚1000美元的价格向收藏者和投资者出售。

奥德赛海洋勘探公司位于佛罗里达州坦帕市，是世界上首屈一指的沉船搜索、打捞及沉船物品销售公司，拥有远程控制技术、机器人技术和深海摄像机等尖端设备。1998年9月，该公司打捞出古迦太基沉船“美喀斯”号，并获得船上大量珍宝。此次“出水”钱币是该公司从业13年收获最大的一笔海底沉船财富。

沉船宝藏小百科

迦太基简介

迦太基坐落于非洲北海岸（今突尼斯），与罗马隔海相望。最后因为在三次布匿战争中均被罗马打败而灭亡。迦太基是到突尼斯旅游的必游之地，位于突尼斯城东北17公里处，濒临地中海，是奴隶制国家迦太基的首都。

今天看到的迦太基残存的遗迹多数是罗马人在罗马人占领时期重建的。从残存的剧场、公共浴室和渡槽等遗迹可知当时工程之浩大，设计之精确。在迦太基古迹附近有一座新落成的现代化博物馆，馆内保存并陈列着大量珍贵的历史文物。1978年，联合国科教文组织将迦太基遗址列入第一批“世界文化与自然遗产”的名单中。突尼斯政府在这个遗址建立了国家考古公园。

迦太基城遗址公元前122年，罗马在这里建立殖民地，然后在凯撒时代，罗马亦曾把一些没有土地的公民遣送至这里，而由奥古斯都于公元前29年统治开始，罗马将迦太基设为非洲行省的一部分。在公元4世纪，罗马帝国分裂迦太基隶属西罗马帝国。而在5世纪时，西罗马帝国崩溃，此时汪达尔人乘机入侵迦太基，并占领了非洲北部沿海大部分国家，成立了阿兰·汪达尔国。到了公元7世纪，阿拉伯人向亚、非、欧三大洲的邻国进军，在其倭马亚时代征服了迦太基在内的北非大部分领土。在1217–1221年，当第五次十字军东侵横扫过迦太基之后，这座历经沧桑的古城被严重的损坏殆尽到终于完全消失在历史长河之中。

公元前3世纪70年代，罗马对外扩张，成为迦太基的劲敌，爆发了古代史上著名的三次“布匿战争”。最后迦太基灭亡。公元147年，迦太基城被罗马军夷为废墟。

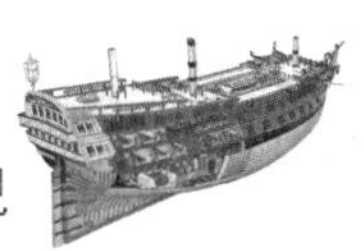

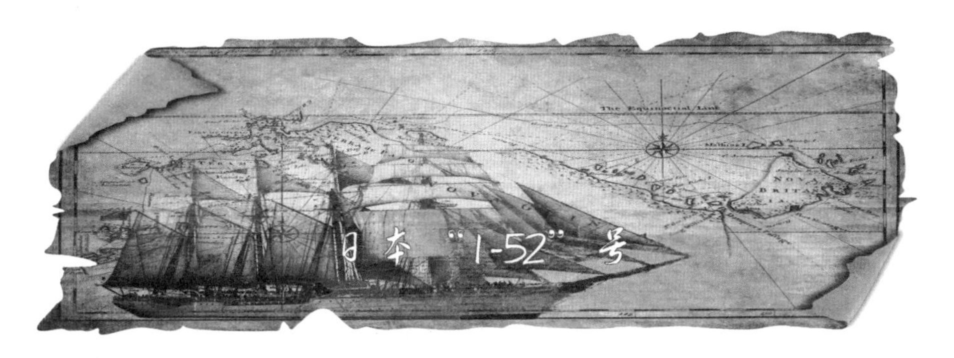

日本“1-52”号

在1944年3月，日本最大的潜水艇“1-52”号载着两吨的金条和109位船员、科学家。他们由日本出发，前往法国西部东方港。当时法国北半部包括东方港都属于德国占领区，日本其实为希特勒运送军饷，同时派遣科学家向纳粹学习最新科技。盟军得知消息，想尽办法破解潜水艇和德国联络的电报密码，经努力终于解出密码，找到踪迹，美军即从一艘航空母舰上派出轰炸机，半夜十二时，一枚水雷击中了“1-52”号，一声巨响，潜水艇爆炸，“1-52”号便沉入大海。

半个世纪以来，没有人找到“1-52”号。1990年，俄罗斯潜水艇打捞专家提德威尔，由大洋声纳系统公司资助，开始研究日本的国防档案，再以电脑整理，并使用声波定位仪寻找，终于在茫茫大海中，找到其残骸。潜水艇上两吨的黄金，完好无缺，据估计这批财宝总价值可达2500万美元。

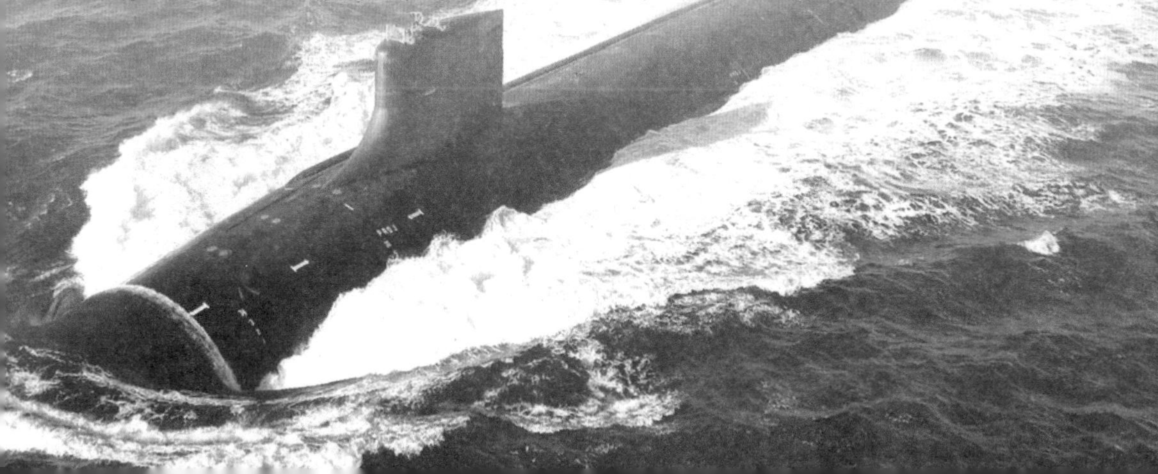

沉船宝藏小百科

希特勒简介

希特勒是德国国家社会主义工人党即国社党（缩写音译为：纳粹党）的主席和德意志第三帝国的元首，它使德国走向强大，第二次世界大战的发动者和头号战犯。

1889年4月20日，阿道夫·希特勒在流经奥地利和德国巴伐利亚边境的莱茵河河畔奥方的布劳瑙小镇的一家名叫波默的小客栈里诞生了。阿道夫的父亲阿洛伊斯是布劳瑙边境小镇的海关官员，是一个42岁的农妇和流浪磨工的私生子。阿道夫的母亲是其叔父的外孙女。阿洛伊斯结婚时，已经48岁，新娘刚25岁，这是阿洛伊斯第三次结婚。此前他有过两次不幸的婚姻。阿道夫是他此次婚姻的第四个孩子。也可能是这种在世人看来极为奇特的身世来历和血缘关系，造就了希特勒的与众不同的气质和性格。家庭暴力导致了他的残暴。

1903年1月，希特勒的父亲在早晨散步时中风而死。1906年，希特勒过完17岁的生日之后，带着他母亲和亲戚们给他的钱，去他早就向往的维也纳住两个月。12月21日，身患乳癌的母亲终告不治，离开人世。1909年，父亲的遗产用完了，只剩下每月25克朗的孤儿费，他完全成了一个流浪汉。1913年5月，对大德意志民族充满着狂热情绪的希特勒，离开维也纳移居慕尼黑。1914年第一次世界大战爆发。8月1日，德皇对俄宣战；8月3日，希特勒立即上书巴伐利亚国王路德维希三世，恳求国王能批准他参加巴伐利亚军队。至此，他正式投入政治生涯。

1920年3月31日，希特勒被解除军职，他领了50马克的复员费、一身军装、一件大衣和一些内衣。从此以后，希特勒便把全部精力都投到了党的工作中去了。他筹划了党旗和党的标志，党旗以黑、白、红三种颜色为底色，标志是一个“卐”字。希特勒组织的这种国家主义的符号和标志以及军事化的风格，立即对小市民阶层产生一种强烈的吸引力。希特勒终于在1933年1月30日通过“后门”交易登上了总理的宝座。从这时起，魏玛共和国也就正式死亡了，第三帝国由此诞生。

1939年9月1日，希特勒向德国宣布德国遭到了波兰的入侵，德国被迫予以还击。而事实上在希特勒宣布前，德国已经对波兰发动了闪电战。随后，英法两国被迫对德国宣战，二战爆发。希特勒成为二战的头号战犯。

1945年4月30日，纳粹元首希特勒，在柏林地堡中自杀身亡，可是他“死”后却传出各种各样的说法。例如美军解密文件显示，希特勒在地堡自杀是苏联红军的对外说法，其实连斯大林本人都不相信希特勒已经死亡，后来成了美国总统的艾森豪威尔将军也对希特勒之死抱怀疑态度。还有在战后成为废墟的柏林街上，市民悄悄的流传着“总统还活着！”并且在占领了柏林的美、英军队投入了数十名搜索人员，花了半年时间去搜索希特勒的踪迹，却没有什么结果。为何要搜索呢？希特勒不是早已经自杀身亡了吗？他的遗体不是被回收、确认了吗？但是，那具遗体存在巨大疑点！希特勒的尸体是故意被烧的面目全非，足足用了20升的汽油，遗体被烧得难以辨认，好像有什么人要掩饰希特勒的真实情况。可是为什么要这样做呢？是谁要这样做？希特勒的死一时间变得扑朔迷离。

西班牙战舰沉没宝藏

在1804年，一艘西班牙护卫舰被英军战舰所击沉，船上估计有价值大约5亿美元的银币而随之沉没。西班牙文化部后来专门成立了由航运考古学家组成的专家组，负责“海上宝藏图”的绘制工作，他们将统计散落在全球水域海底的西班牙大帆船。据专家估计，仅在西班牙海域散落着大约700艘沉船，其中有罗马驳船和英国航空母舰，还有大量西班牙“黄金时代”的运宝大帆船。这些沉船上载满了金银珠宝，都是西班牙人在16世纪至19世纪期间从世界各地的殖民地掠夺而来的，如果打捞出来，其价值比西班牙中央银行的财富都多。

2007年5月18日，美国奥德赛海洋勘探公司宣布从大西洋底的一艘沉船上打捞出价值约5亿美元的50万枚金银币，这一消息在国际上引起轰动。西班牙方面怀疑，沉船的位置位于西班牙海域。西班牙政府随后委托律师将奥德赛公司告上美国佛罗里达州的一个法院，称西班牙拥有对这条沉船财宝的所有权。所以该批宝藏引起了一场宝藏所有权的纠纷战。

沉船打捞物的归属问题

一般而言，对于本国领海内打捞物的归属问题，是由各国的国内法来予以界定的。例如，我国1989年《中华人民共和国水下文物保护管理条例》规定，任何水下文物，无论是源自中国、不明国家或任何其他已知的外国，只要它位处在中国的内水和领海，即应归属中国国家所有。而在美国，情况则有所不同。2001年，美国最高法院曾做出过一个判决，案情是美国一家私人公司发现了1802年在弗吉尼亚沿海沉没的西班牙一船舶的遗骸，该公司要求法院判决沉船不属于西班牙所有。结果，法院根据掌握的事实和法律判决该沉船归属西班牙，因为西班牙从未放弃过对此战舰的所有权。而在另一些国家，如巴拿马，最高法院已经宣布所有在其海域对沉船的勘探和打捞都是非法的，所有的沉船打捞协议均为无效。

领海内的沉船打捞由各国国内法界定，而领海之外海域的沉船打捞则属于国际法的管制范围，这些海域主要包括各国的专属经济区和国际海域中的公海两个部分。很多盗宝者声称国际海域不属于任何国家所有，因此对其中的沉船进行打捞，任何国家都管不着，但是实际并非如此。根据1982年《联合国海洋法公约》和2001年《水下文化遗产保护公约》，国际海域的财产应属于全人类共有或公有，抑或可认定为“全人

类共同继承财产”，只有国际社会或相关国家才有权管理和处置这些海底的遗留物，因此，国际社会和各有关国家都有权对违法的打捞行为进行管理。但是目前在这些海域，各国执法的分割状态以及国际执法力度的薄弱，给了非法打捞者不少可乘之机。

《水下文化遗产保护公约》规定，对于专属经济区和公海的沉船，应由沿海国向联合国教科文组织总干事或国际海底管理局秘书长报告，并通知其他享有优先权的各关联国家（如文物来源国、文化上的发源地国、历史或考古上的来源国、可辨识的物主所属国）等共同协商，共同制定勘察和保护计划。

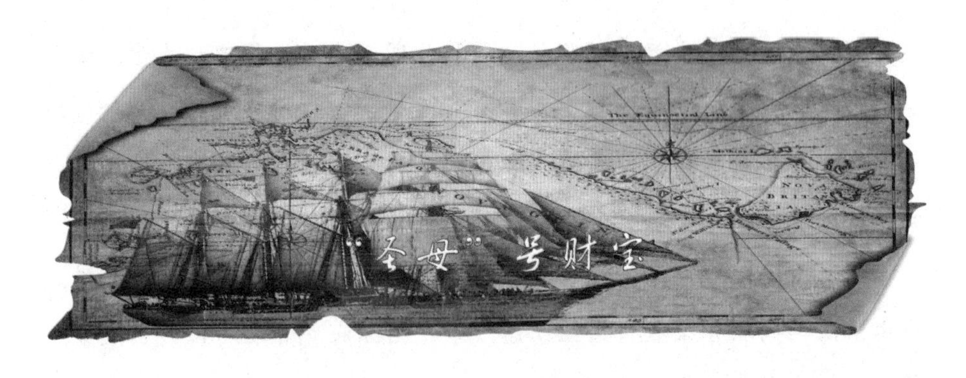

"圣母"号财宝

在1622年9月4日，一支由28艘船组成的西班牙船队开往西班牙。航途中，船队遇到台风，被刮到美洲佛罗里达海峡，有8搜沉没。其中，沉没的"圣母"号中装有47吨西班牙军队从各地抢来的黄金、白银。为了不丢失这批财宝，西班牙政府立即组成一支打捞船队，并在海军的护航下来到沉船海域，开始了打捞工作。然而，由于当时的海洋潜水技术有限、打捞工具十分落后，更何况又要在50米以下进行操作，所以此次的打捞工作十分艰巨。最终这支打捞队在打捞了4年多之后，仍然一无所获，因此，西班牙政府在无奈

的情况下放弃了打捞工作。

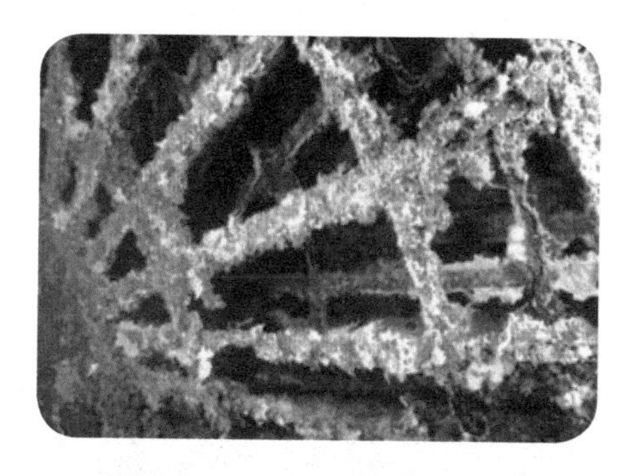

1960年，美国冒险家费希尔从书上看到了“圣母”号沉没的记载。此后，他便到各大图书馆搜集大量的资料，还痴迷地查阅当年西班牙船队早台风袭击的报道。才把对许多人总是具有无穷无尽的吸引力，美国冒险家费希尔被“圣母”号彻底迷住了。于是，他决心要把自己的一生投入到这一事业中去。虽然冒险家费希尔只是以为中产阶级，但是他还是拿出家里的积蓄组建了一家打捞公司，并开始在“圣母”号遇难的海域进行搜索。5年的时间里，费希尔不仅在往海里投掷万贯家财，而且人也变得又黑又瘦，但是却没有找到一块金子。尽管如此，费希尔仍然没有放弃，他依然坚持着。10年过去了，费希尔不仅花光了所有的积蓄，而且开始变卖房产继续追求他的海底寻宝梦。然而，费希尔这么多年的努力依然没有得到回报。于是，很多朋友劝他放弃，但是，费希尔依然坚持着他的梦想。

为了寻宝，费希尔甚至把自己的儿子也搭了进去。一天，它的大儿子潜入海底，结果因为供氧管缠到了礁石上而被活活地在海底憋了6个小时。

当时费尽周折把儿子就上来的时候，他的儿子已经停止了心跳。与过去耗费的巨资相比，这次费希尔的儿子丧生是对费希尔沉痛的打击。付出了如此惨重的代价之后，人们以为费希尔会放下手中的打捞工作，可是没有想到的是，当他安葬完儿子的时候，又继续出海。为此，费希尔的女婿深受费希尔执着精神的感动，他也开始潜心学习潜水技术，成为了费希尔的得力助手。

到1984年，费希尔的海底打捞工作已经进行了24年，而且在这24年里费希尔一无所获。但是精神可嘉的费希尔还是没有放弃，老天并没有眷顾他，后来他接二连三的收到沉重的打击，不仅他的潜水员被巨鲸咬成重伤死亡，而且他的女婿也死在了海底。失去两位亲人，就算是铁石心肠的人也该放弃了。但是，费希尔不但没有放弃，还购买了先进的地磁仪来收集数据。通过对数千个数据的分析，费希尔终于在1985年找到了沉船的具体位置。这次，费希尔打捞上来了20多万件金银财宝。其中，除了大量的金银制品以外，还有5万枚银币、987块金锭还有3200颗绿宝石。

虽然费希尔打捞上来了不少的金银珠宝，但是他发现的仅仅是“圣母”号三分之一的沉船残骸。

于是，他决定继续搜索剩下的三分之二的沉船残骸。大海终究没有辜负费希尔的真诚，给了他丰厚的回报。很快，费希尔在海底发现了文物之宝——一只装有古代使用的天文测量仪的大箱子。

很快，费希尔的打捞探宝公司名扬天下，甚至有许多投资人加入了他的探宝公司。后来，费希尔以1200名投资者的资金开始了在海底寻找“阿托查”号沉船，而且捞起了许多的古代金币。自此，费希尔的寻宝梦在他不断地追寻探索中得以实现了。

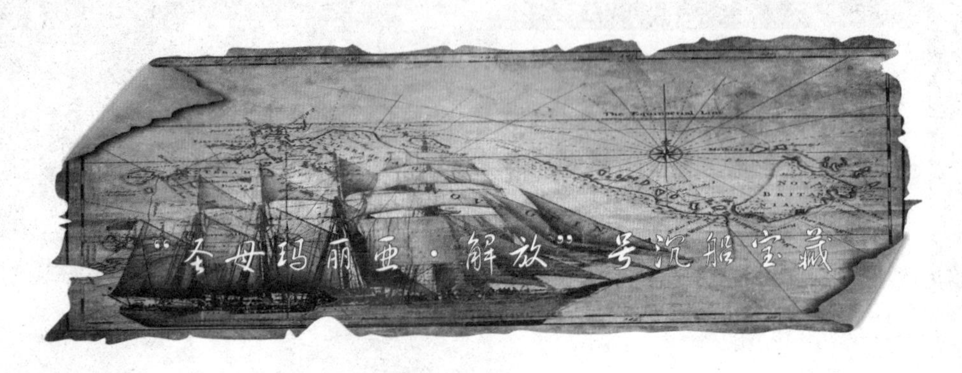

“圣母玛丽亚·解放”号沉船宝藏

一艘满载价值20亿英镑的黄金、白银、珠宝和钻石的西班牙沉船，伴随着众多船员的枯骨，在美国佛罗里达州沿海海底静静地躺了248年后，被一家美国海底打捞公司发现。佛罗里达州一家法院裁决这家美国海底打捞公司对这艘无价之宝般的海底沉船“具有部分处理权”。然而没想到，就在佛州法院的裁决刚刚宣布后不久，西班牙驻美大使立即宣称，只有西班牙才是这艘海底“黄金船”的唯一主人。这艘当数有史以来最昂贵的海底沉船的归属争端立即吸引了西方众媒体的注意力。

这艘新近发现的海底沉船据称正是在18世纪沉没在美国佛罗里达

州沿海的西班牙大型战船“圣母玛丽亚·解放”号。1755年，当时的西班牙国王查尔斯第三命令殖民大臣从美洲新大陆搜刮了数以万计的金银珠宝，这些从墨西哥、秘鲁、哥伦比亚等地搜刮来的金银珠宝全部被装在这艘大型战船上，于1755年10月31日从哈瓦那出发，准备运回西班牙。然而，在第二天，当这艘战船驶近佛罗里达州沿海的佛罗里达群岛时，一场猛烈的飓风使这艘船触礁，永远沉没在了佛罗里达群岛的海底，船上500名法国和西班牙水手大多数遇难，尽管少数船员仍从该次海难中死里逃生，千辛万苦游到了岸上，然而他们仍然没有逃脱死亡的命运。这些劫后余生者遭遇了比淹死更可怕的梦魇，他们上岸的地方正是当时美洲食人族“卡鲁萨”族的所在地，这些水手几乎全被“卡鲁萨”族的土著居民给活活杀死吃掉了。

“圣母玛丽亚·解放”号和船上无数的黄金财宝在佛罗里达海底一下沉睡了248年，一些遇难水手的遗骸早就被海底的鱼类啃得精光，只剩下散落在船体遗骸周围的累累枯骨。美国海底打捞公司打破

了这座“海底黄金坟墓”的宁静，该公司潜水员在离佛罗里达群岛西部不远处200英尺深的海底，发现了这艘足有50米长的巨大战船遗骸，事实上它已断裂成两部分，陷在海底淤泥之中，一些碎裂的遗骸残片由于海水冲刷的缘故，零星散落在18平方英里范围内的平坦海床上。在沉船遗骸中，潜水员们还发现几门已经腐蚀的大炮。

发现沉船位置后，美国海底打捞公司一面继续派潜水员潜入海底，对沉船进行更深入的探测和发掘；一面立即向佛罗里达州法院提出申请，要求法院批准他们拥有独家打捞该艘沉船的权利。美国海底打捞公司的股东之一格雷格·布鲁克斯对迈阿密新闻媒体称：“它绝对是历史上曾经沉没的船只中最富有的一艘，我认为它上面的财宝无法估算。”

该打捞公司还向法庭提供了一份该沉船的部分货单，根据货单上的描述，潜水员在该沉船上至少发现17箱重437公斤的金砖、15399枚西班牙金币、153只金烟盒、1把金柄宝剑、1块金表、6双钻石耳环、1条钻石项链、7箱玛瑙翡翠以及数不清的纯银块、银矿石和各种银制物品。这份货单真让人瞠目结舌。

让世界瞩目的沉船宝藏打捞

1. S S中美洲号：

SS中美洲号于1857年沉于南卡罗莱纳州沿海，是到目前为止发现财宝最多的沉船。20世纪90年代打捞出来后，船上的财宝价值多达8亿英镑。

2. 耶稣·玛丽亚号：

耶稣·玛丽亚号是西班牙的大型帆船，1654年沉没于厄瓜多尔海岸，船中的金银珠宝也许可以和“圣母玛丽亚·解放”号媲美，由于厄瓜多尔政府的原因，目前该船仍未打捞。

3. 诺斯特拉夫人号：

诺斯特拉夫号是西班牙的大型帆船，1622年沉没于佛罗里达海岸，美国米尔菲希公司从该船遗骸中打捞出价值2.7亿英镑的珠宝和黄金，在与佛罗里达州政府打了一场长时间的官司后，米尔菲希公司被判可以拥有大部分沉船财产。

4. 朱诺号：

朱诺号是西班牙战舰，1750年沉没于美国弗吉尼亚海岸，据称船上有34门大炮，70万枚银币，价值高达3·57亿英镑。美国百万富翁本·班森花了4年时间勘测，准备打捞这艘沉船，然而在2001年，美国最高法院却判决这艘沉船的所有权属于西班牙，本·班森因此白辛苦了一场。

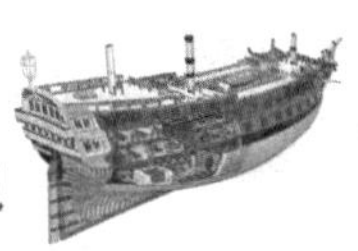

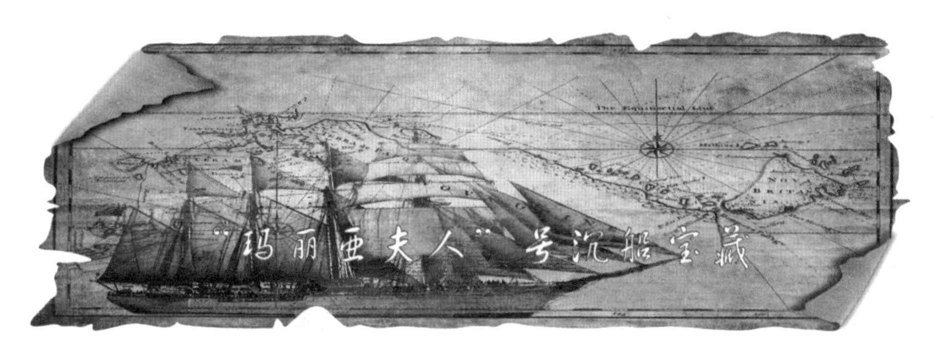

"玛丽亚夫人"号沉船宝藏

在1771年的时候，正值俄罗斯帝国广拓疆土、辉煌鼎盛之时，女沙皇叶卡捷琳娜二世派出使者，于当年七月底在阿姆斯特丹的拍卖行购买了一大批珍贵

瓷器、黄金、白银和铜制品，还有27幅由荷兰大师创作的油画。宝物件件精挑细选，价格不菲，预备供沙皇收藏在圣彼得堡新建的艾尔米塔什博物馆里。1771年9月5日，满载着这些珍贵瓷器、黄金白银、名画艺术品的"玛丽亚夫人"号纵帆船从荷兰阿姆斯特丹的港口驶出，此次航行的目的是将财富呈送给叶卡捷琳娜二世。10月3日，船只在芬兰附近海域（当时属于瑞典）遭遇风暴，搁浅在尤尔姆岛一带，礁石将船身撞出裂缝。此后，又一次更猛烈的撞击使船只开始进水。

船员们迅速抛锚，使用手动泵抽水，但是船身渗水的速度越来越快。10月4日黎明时分，船长无奈决定弃船。船员们跳上小艇，安全地在附近礁石上着陆，并搭乘一艘路过的船只离开。

当时俄国驻斯德哥尔摩的外交官帕宁紧急致信瑞典国王，要求尽可能地提供援助挽救“玛丽亚夫人”号。10月5日救援人员赶到，但对于如何将船只固定却无计可施，木船的舵完全被损坏，抽水的泵塞满了船上滚落的咖啡豆。经过了几天毫无进展的抢救工作后，9日，“玛丽亚夫人”号完全沉没，只有一小部分船体和六幅画作被挽救下来。所有的船员安然无恙，而大部分财富则沉入海底。

“玛丽亚夫人”号沉没后，不甘心的叶卡捷琳娜二世后来派数支探险队打捞，均告失败。在那个没有先进探测系统的时代，要找到海下43米处的沉船实属不易。

这场突如其来的海上风暴让“玛丽亚夫人”号没能抵达她的目的地圣彼得堡，这些原本应成为俄国女沙皇叶卡捷琳娜二世值得炫耀的财富，至今仍埋藏在茫茫大海深处。

11月18日，俄罗斯“国家文化和历史贵重物品救援基金”组织宣布，俄罗斯将联合芬兰、瑞典、荷兰计划用两年的时间打捞“玛丽亚夫人”号，届时，这笔在波罗的海沉睡了两百多年的财富有望揭开神秘面纱。

此后的228年里，“玛丽亚夫人”号逐渐被淡忘，没有人知道她具体沉睡在哪一个位置。但其中巨额财富的诱惑力从来没有被遗忘。

1970年，芬兰国家档案馆的克里斯汀·阿尔斯托姆博士发现了有关“玛丽亚夫人”号的记录。他研究了俄国外交官帕宁和瑞典官方来往的信件，“玛丽亚夫人”号的航海日志和未损失货物的清单，最后将这些资料公诸于众。

一位名叫劳诺·克瓦乌萨里的潜水员对阿尔斯托姆博士的研究深感兴趣。劳诺同时还是一名声纳操纵员，他主动找到博士，提出共同寻找“玛丽亚夫人”号的计划。他们打算根据搜集到的资料划分要搜寻的海域，找到沉船的大概位置后，使用声纳系统探查。

但在这之前，必须找到描述船体细节如船体长度等的资料。这个工作很重要，否则他们有可能错误地把其他船只当成了寻找目标。资料显示，“玛丽亚夫人”号曾经多次航行到圣彼得堡，船身长26.20米，宽6.8米，而且是一艘双桅船，这与原来的记录略有出入。

1999年6月28日，声纳探测在芬兰海域找到了“玛丽亚夫人”号。所有的测量数据都和资料吻合，43米的深海海水形成保护层，使她安睡228个冬天而没被冰块损伤。船舱里的货物还是满满的，潜水员几乎无法找到空隙钻进去。

负责国家水下文化遗产的芬兰海洋博物馆开始启动“玛丽亚夫人”号水下遗骸的调查。2000年夏天，一些自发前来的潜水者通过照片和录像带记录下了水下残骸的现状。

2008年11月18日，俄罗斯“国家文化和历史贵重物品救援基金”组织透露，俄方将连同多国，计划用两年的时间打捞“玛丽亚夫人”号。

2010年9月7日，俄联邦文化遗产保护法律监察局副局长彼特拉科夫宣布，芬兰已向俄方提出从波罗的海海底联合打捞“玛丽亚夫人”号沉船的方案，据估计这艘船上装有的历史珍宝现在总价值高达10亿

欧元。

俄罗斯国家历史文化珍品拯救基金会主席塔拉索夫宣布，俄专家已经计划在两个月内打捞出这艘沉船，目前起重机和潜水员都已找好。芬兰人可能已经提出了联合打捞建议，俄罗斯将会了解参与打捞整艘帆船是否有意义，现在暂时还不清楚船上的名画是否还保存完好。现在谈论沉船上27幅荷兰大师创作的油画的状态为时尚早。不过，当时曾经有密封包装方式，有名画得以保全的间接说法，当年沉船之后叶卡捷琳娜二世曾经试图找到这艘船。十多年前当芬兰研究人员发现这艘沉船后，曾经成功打捞出几件物品，有一个赤褐色烟斗、一个货物封印和一块锚铁，所有物体的状态都非常好。现在沉船内到处是淤泥，船只遭到严重破坏，因此必须尽快打捞。

那么，究竟这艘“玛丽亚夫人”号沉船的打捞结果如何，我们只有拭目以待了。

艾尔米塔什博物馆

艾尔米塔什博物馆（冬宫）是世界四大博物馆之一，与巴黎的卢浮馆、伦敦的大英博物馆、纽约的大都会艺术博物馆齐名。该馆最早是叶卡特琳娜二世女皇的私人博物馆。1764年，叶卡特琳娜二世从柏林购进伦勃朗、鲁本斯等人的250幅绘画存放在冬宫的艾尔米塔代。

艾尔米塔什博物馆是一座大型艺术与文化历史博物馆。该博物馆位于俄罗斯圣彼得堡涅瓦河畔。占地面积9万平方米。建筑物包括冬宫 、小艾米尔塔什 、旧艾米尔塔什、新艾米尔塔什以及可容纳500多观众的艾

尔米塔什剧院。“艾尔米塔什”源于法语“幽居之宫”之意。该馆设8个部：原始文化部，古希腊、罗马世界部，东方民族文化部，俄罗斯文化史部，钱币部，西欧艺术部，科学教育部和修复保管部。藏品共有270万件，主要是绘画、雕塑、版画、素描、出土文物、实用艺术品、钱币和奖牌。藏品中绘画闻名于世，从拜占廷最古老的宗教画，直到现代的马蒂斯、毕加索的绘画作品，及其他印象派，后期印象派画作应有尽有，共收藏15800余幅。其中意大利达·芬奇的两幅《圣母像》、拉斐尔的《圣母圣子图》、《圣家族》、荷兰伦勃朗的《浪子回头》，以及提香、鲁本斯、委拉士贵支、雷诺阿等人的名画均极珍贵。展厅共353个。有金银器皿、服装、礼品、绘画、工艺品等专题陈列和沙皇时代的卧室、餐厅、休息室、会客室的原状陈列。其中彼得大帝陈列室最引人注目。

艾尔米塔什博物馆里珍藏的历史文物与艺术品数量十分巨大。据说，要看完这么多藏品，要花费27年的时间。艾尔米塔什原来只是冬宫的一小部分，是1764年俄国女皇叶卡物琳娜二世购置多位名家的绘画作品后，存放于艾尔米塔什内，起名为奇珍楼，经过多年的积累，艾尔米塔什的藏品日渐增多，收藏的种类也不再局限于单一性。十月革命以后，整个冬宫归于艾尔米塔什博物馆。1852年正式向外界开放。

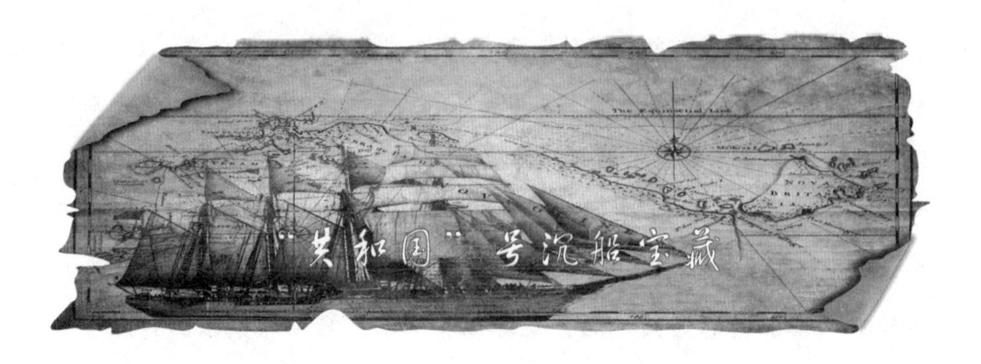

“共和国”号沉船宝藏

美国内战刚刚结束之时，满载货物和钱币的“共和国”号从纽约出发，准备前往新奥尔良，以支持新奥尔良的战后重建。这艘在蒸汽时代长210英尺的巨轮在驶出纽约5天后，不幸遇上了罕见的飓风，就此沉入了冰冷的海底。当时的报道说，“共和国”上的财物超过了40万美元的金银币——130多年后，他们的价值已经远远超出了当年的票面价值，一枚票面10美元的金币，市价从3000

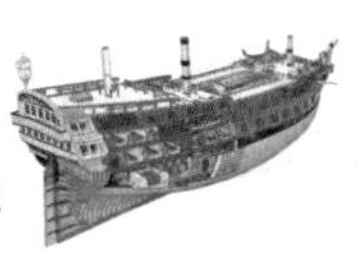

美元到50万美元不等。

可是，要找到沉船的位置十分困难：像“共和国”号这样的遭受风浪摧残的船只，在下沉过程中就已破碎，并以每小时100英里的速度撞击海底，因此成为乱糟糟的一团，船身也散落在海底各处。自从1992年，人们知道了它的故事后，奥德赛的两个家伙就和它卯上了劲，从文献资料上细细分析它的沉船经过，用电脑模拟当年的船线和速度，最终沉船船骸被锁定在1500英里的范围内——光是用声纳将这么大一片海底细细梳理一遍，都得是一项极浩繁的工作。

2003年，奥德赛公司最终在距佐治亚州海岸100英里的洋面下成功地找到了“共和国”号，打捞上来的金银钱币卖了7500万美元，而他们前期投入的成本仅仅才200万元，一下子赚了个盆满钵满。两人的钱包里也各自装了枚打捞上来的金币作纪念，但仅这一枚金币就1万美元。

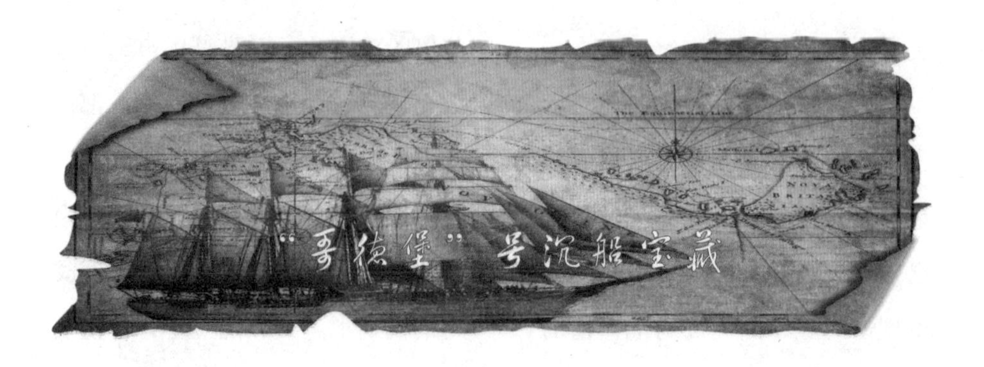

在1745年1月11日，"哥德堡Ⅰ号"从广州启程回国，船上装载着大约700吨的中国物品，包括茶叶、瓷器、丝绸和藤器。当时这批货物如果运到哥德堡市场拍卖，估计价值2.5至2.7亿瑞典银币。

8个月后，"哥德堡Ⅰ号"航

行到离哥德堡港大约900米的海面，离开哥德堡30个月的船员们已经可以用肉眼看到自己故乡的陆地，然而就在这个时候，“哥德堡Ⅰ号”船头触礁随即沉没，正在岸上等待“哥德堡Ⅰ号”凯旋的人们只好眼巴巴地看着船沉到海里，幸好事故中未有任何伤亡。

人们从沉船上捞起了30吨茶叶、80匹丝绸和大量瓷器，在市场上拍卖后竟然足够支付“哥德堡Ⅰ号”这次广州之旅的全部成本，而且还能够获利14%。

这之后瑞典东印度公司（Swedish East India Company）又建造了“哥德堡Ⅱ号”商船，它最后沉没在南非。1813年，瑞典东印度公司关闭。

时光流逝，见证了“古代海上丝绸之路”兴盛的“哥德堡Ⅰ号”和船上2/3的货物长眠海底，默默等待着重见天日的那一刻。1984年，瑞典一次民间考古活动发现了沉睡海底的“哥德堡Ⅰ号”残骸。

潜水考古使古沉船重新进入了公众视野，引起哥德堡人的浓厚兴趣。

1986年开始，考古发掘工作全面展开。发掘工作持续了近10年，打捞上来400多件完整的瓷器和9吨重的瓷器碎片，这些瓷器大部分具有中国传统的图案花纹，少量绘有欧洲特色图案，显然是当年“哥德堡号”为特定客户专门订购的“订烧瓷”。

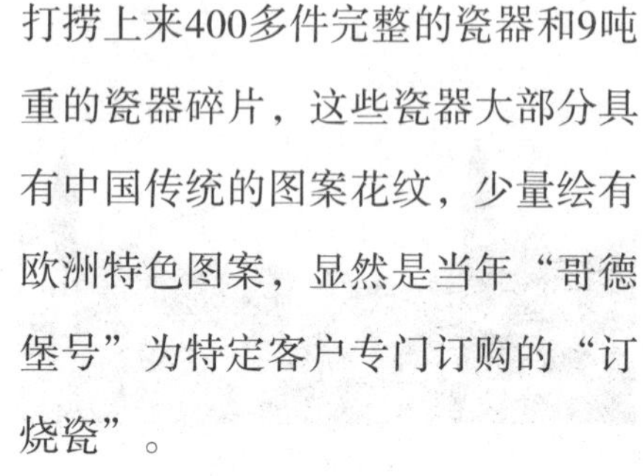

更加让人们吃惊的是，打捞上来的部分茶叶色味尚存，至今仍可放心饮用。哥德堡人将一小包茶叶送回了它的故乡广州，供广州博物馆公开展出。

第四章

探寻未出水的宝藏

据联合国教科文组织统计，全世界海洋中约有300万艘未被发现的沉船，数目可观的财宝还没有被打捞出来。这些沉船较为集中的地区大多是历史上海上交通较为发达的区域，比如地中海海域、欧洲到北美的航线、中国到东南亚航线以及中国到日本航线的海域等。资料显示，法国海域拥有公元前6世纪～公元9世纪的古沉船约600艘，其中只有15%未遭人为盗取。在以色列海域，已有60%的沉船被盗窃分子光顾。中国南海的古沉船数目超过2000艘，而近年来外国探险家在南海海域的海底探宝活动也越来越猖獗。漫无秩序的海洋寻宝和夺宝行动不仅给国际海洋秩序造成了混乱，引发了国际纠纷和争端，而且极大地损害了沉睡在海底的这些珍贵的科学和文化遗产。

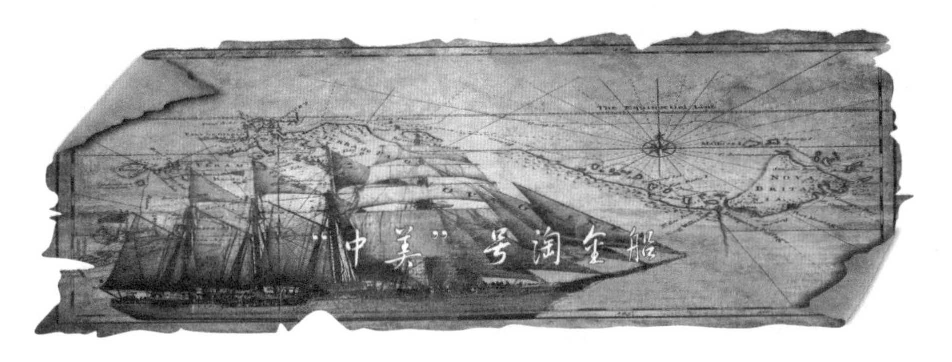

美国加州在1849年发现了金矿，自此，淘金热传遍美国各地，西部和东部的冒险者都聚集到此，他们为了一寸矿地而争夺、火拼。有人受伤，有人死去，在经过整整8年的流血卖命日子后，一群人准备带着他们用血汗乃至生命换来的黄金回家，结束这种残酷危险的生活。于是一大群衣衫褴褛、风尘仆仆的淘金者，带着他们的妻儿，长途跋涉数千公里，开始了一段新的旅程。他们从旧金山搭船到巴拿马，再搭骡车横越巴拿马地峡，最后乘船驶往纽约。

在1857年9月8日，这群人在巴拿马登上了驶向纽约的汽船“中美”号。两天后，也就是1857年9月10日，“中美”号遇上了意料

不到的灾难，这艘小船容量不大，却硬挤进去了750余人，小船吃水太紧，一遇到飓风夹杂的暴雨，船舱便被击破了，海水从各个破口涌入。人们发现船帆被强风吹断，锅炉的火熄也灭了，在茫茫大海之中可以说这便完全断绝了生机。可一望无际的大海并没有让这群人感到绝望。他们组成自救队，妇女和儿童被送上救生艇，全部获救，但423名淘金汉连同那无法估量的黄金却葬身海底。

希望这艘沉船为人们所铭记并不是因为那上面无可估量的黄金，而是因为这群人不屈服不绝望的神情。

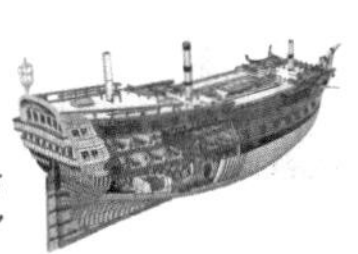

沉船宝藏小百科

淘金热

淘金热是美国西进运动的产物，也是其中极为重要的一个环节。对美国18世纪至19世纪的经济开发、农业扩张交通革命、工商业发展具有重要的意义。

淘金热是由于西进运动的发展引发的人口迁移为开端的。在人口第三次大规模的浪潮来临之际，美国移民萨特在加利福尼亚的萨克拉门托附近发现了金矿，并有冒险商人、操纵者、土地投机家布兰那使金矿发现的消息扩大到全世界。

金矿被发现后，美国沸腾，世界震撼。近在咫尺的圣弗朗西斯科首先感受到了淘金热的冲击，几乎所有的企业停止了营业，海员把船只抛弃在了圣弗朗西斯科湾，士兵离开了营房，仆人离开了主人，涌向金矿发源地，农民典押田宅，拓荒者开垦荒

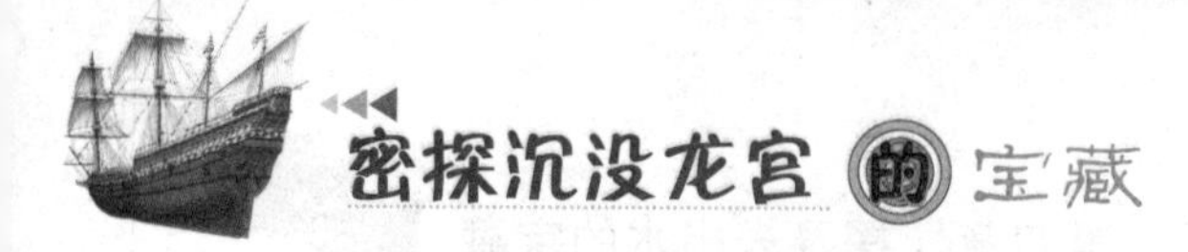

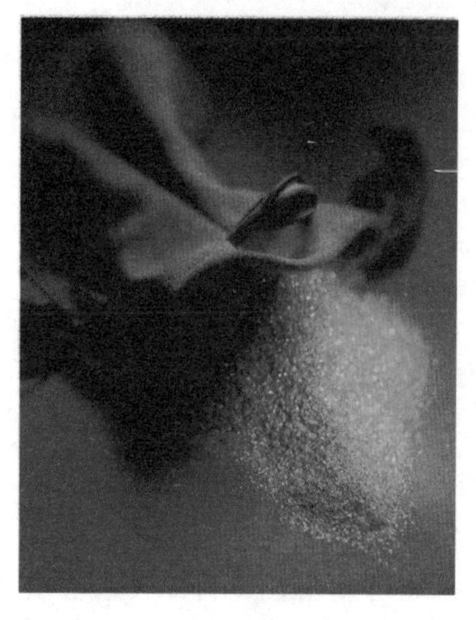

地，工人扔下工具，公务员离开写字台，甚至连传教士也离开了布道所。这股热潮一直席卷到圣弗朗西斯科北部的俄勒冈及南部的墨西哥，成千上万的淘金者使加利福尼亚人口猛增，并且许多新近出现的城镇很快成为国际性的城市。

淘金热期间，由于人口的急剧增长，使得衣食住行变得陡然紧张，特别是服务业的发展无法满足社会的需要。且1848-1851年间，美国批发商品的价格指数由847提高到了1025，这些情况都反映这次淘金热对美国西部及市场产生了深远的影响。

自1854年起，加利福尼亚的淘金热成下降趋势，黄金产值下降，但整个采金业向深度和广度发展。第二次采金热是20世纪50年代在科罗拉多发现金矿至20世纪70年代在内华达发现金矿。这时采集矿种增多，并因此使美国作为最大的产金国的地位一直保持到1898年。同时，由于技术的发展使得商人、工业、企业家纷纷形成采矿公司，并逐步控制了采矿区。

其影响在于：

1. 增长了社会财富。

2. 带动了加利福尼亚地区工业及相关产业的发展。

3. 人员的涌入，加快了农业、牧业的发展。

4. 采矿业带动西部交通运输业的发展。

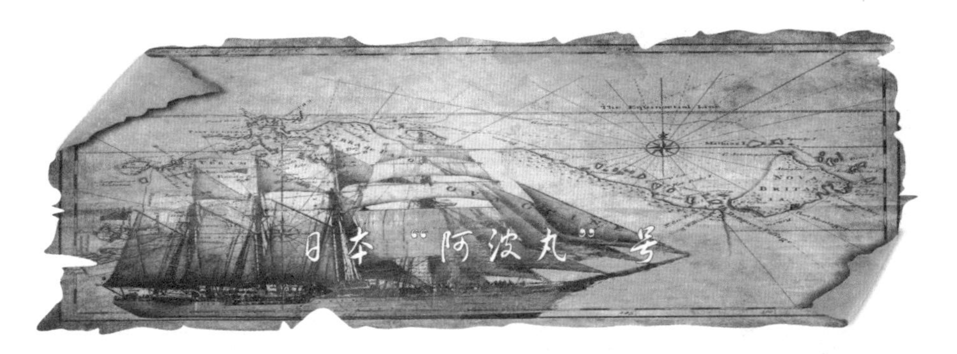

日本“阿波丸”号

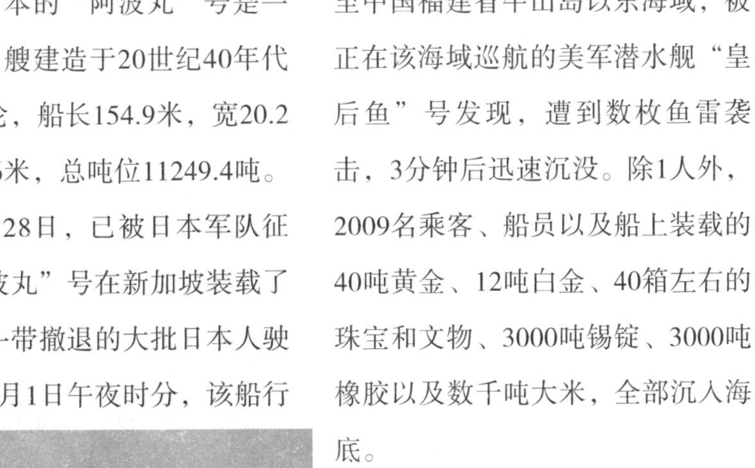

日本的“阿波丸”号是一艘建造于20世纪40年代的远洋油轮，船长154.9米，宽20.2米，深12.6米，总吨位11249.4吨。1945年3月28日，已被日本军队征用的“阿波丸”号在新加坡装载了从东南亚一带撤退的大批日本人驶向日本。4月1日午夜时分，该船行至中国福建省牛山岛以东海域，被正在该海域巡航的美军潜水舰“皇后鱼”号发现，遭到数枚鱼雷袭击，3分钟后迅速沉没。除1人外，2009名乘客、船员以及船上装载的40吨黄金、12吨白金、40箱左右的珠宝和文物、3000吨锡锭、3000吨橡胶以及数千吨大米，全部沉入海底。

据美国《共和党报》1976年11月号特刊报道，“阿波丸”号上装载有黄金40吨，白金12吨，大捆纸币，工艺品、宝石40箱。据估计，最低可打捞货物价值为2.49亿美元，所有财富价值高达50亿美元。除了这些金银财宝，“阿波丸”沉船上很可能还有一件无价之宝：据

称，“北京人”头盖骨化石有可能在“阿波丸”上。中国曾于1977年对“阿波丸”沉船进行过打捞，未发现传言中的40吨黄金与“北京人”头盖骨。然而有学者认为，因为那次打捞不完整，无价的珍宝也许仍静躺在海底。

在数以万计的海底沉船中，尽管只有极少数，不到百分之一的沉船上有可流通的财富，如黄金和珠宝，但由于人类数千年的航海史上，绝大部分的时间使用的是抗风险能力不强的木质帆船，因此沉船的数量也极为可观。据专家推断，载有金银财宝的沉船在3000艘以上，而另外尚有更多的沉船虽然装载的并非金财财宝，但其货物在今天也极为珍贵，包括象牙、瓷器等。沉船被海洋中没有空气的环境保管起来，躺在深水中的部分沉船货物被保存得尤其完好，人们曾在海底发现过保存异常完好的古船。1977年，一群海洋考古学家们在发掘一只有900年历史的沉船时，找到了雕花玻璃器皿、希腊硬币、青铜水壶，并令人吃惊地发现一些盛有种子、杏仁和扁豆等东西的希腊罐子，甚至找到一个盛有鸡骨的盘子。

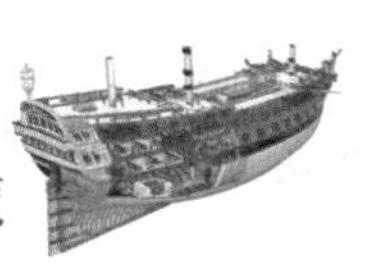

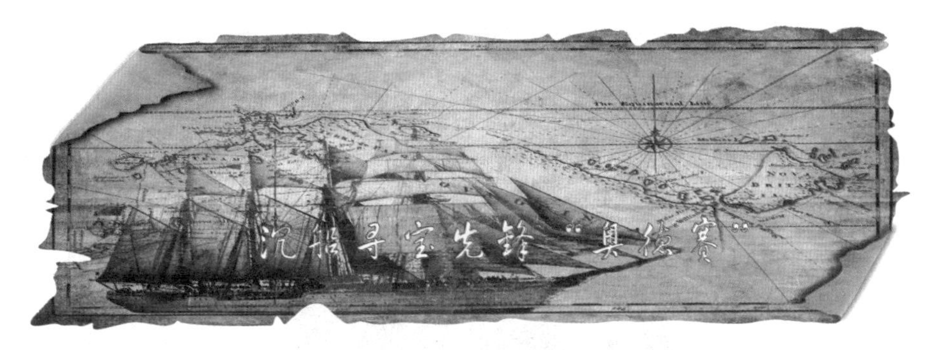

大西洋的海面上，250英尺长的寻宝船“奥德赛探索者”号静静地停着。漂浮在船身边的是一个庞大的水下遥控机器人，这个高科技的玩意儿足足有一辆卡车那么大，它将被沉入到海下数千英尺处——代号为“黑天鹅”的沉船的地点，奥德赛的工作人员相信，当它浮出水面的时候，它将带回价值超过5亿美元的金银财宝，甚至更多。

已经有几千枚银币被机器人打捞上来了——5亿美元的价值就是这样推算出来的。沉船上发现了大约50万枚品相当完好的银币和数百枚金币，奥德赛公司为此请教了著名的钱币收藏专家，按照他们的估算，每枚银币的平均市价约为1000美元。由于大部分钱币还没有被打

捞出水，为安全着想，奥德赛公司拒绝透露这艘沉船的位置和身份，以及这些金银币的来历。

奥德赛公司的创始人格雷格·斯蒂姆和约翰·莫里斯，一个是佛罗里达一家广告公司的老板，一个是房地产开发商——都和沉船打捞没什么关系。唯一的共通之处是喜欢驾驶船只，因此成为了好朋友。

1986年，一名船只经纪人告诉他们，佛罗里达的一家学院打算出售一条85英尺长的探险船，花了10万美元，他们把这条船买了下来。刚开始时，两人只是把这条船当成休闲工具，在甲板上喝喝杜松子酒看看日落什么的，没多久他们发现船上还配有海下探险设备，于是空闲时也开始将船只租给一些做水下研究的科学家和海底寻宝者。见多了别人寻宝的故事，斯蒂姆和莫里斯决定自己也去体验一下寻宝的乐趣。在佛罗里达海域，这两个家伙还真的发现了一条沉船，只不过运气不好，船上几乎没有什么财物。这次成功激发了他们的兴趣，决定把寻找海底沉船宝藏当成一桩生意来做。

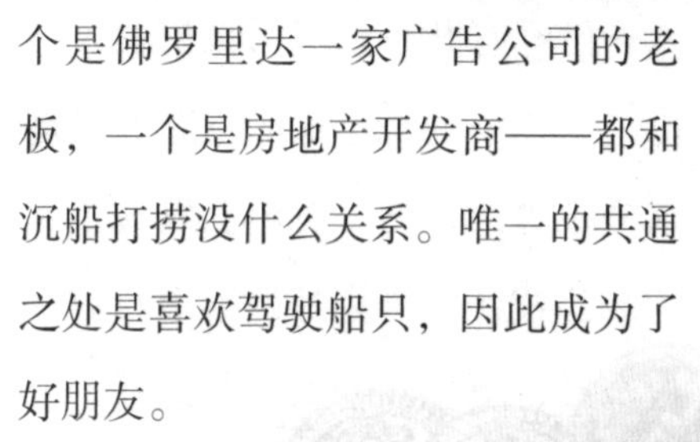

这和其他生意不太一样。没人能确定，大笔投入的资金什么时候才会有回报，不过斯蒂姆和莫里斯从一开始就确定了一条原则：他们希望奥德赛公司找到财宝的过程，能够像埃克森公司发现石油一样，能够走向常规化。斯蒂姆解释说：“当我们可以不断地找到新的沉船时，海底沉船打捞的面貌就会改变，这和石油公司发现油田没有什么区别，刚开始也是冒险，但只要他们找到了第一个油田，并且不断重复他们的这种发现，那就成功了。”

事实上，不是所有人都能够很幸运的找到想要找的宝藏，要知道，在数以万计的海底沉船中，只有极少数，不到百分之一的沉船上有可流通的财富，如黄金和珠宝。这样的大项目可不是随随便便就能碰到的。

为了增加发现有价值沉船的可能性，奥德赛公司采取了许多办法。公司的工作人员会细细地梳理美国和其他国家的航海记录；在欧洲的图书馆，他们也雇请了专人来研究这方面的资料；奥德赛公司甚至在地中海沿岸招募了一批职业“聊天员”，他们的工作就是和海边的渔民聊天，尤其是渔网捞到了一些不寻常事物的渔民。奥德赛公司还给渔民们设立了一项天价奖励：一旦渔民们提供的线索能真的找到沉船宝藏，奥德赛公司将奖励他50万美元。

这一招还真的见效。一位历史学家在整理法国间谍的档案时，发现了这么一条记录：1694年，一艘英国的战船沉没在了地中海西部海域，这条战船的名字叫“苏塞克斯”号，据说当时船上装载了9吨黄金，是英国用来收买萨伏依公爵的忠心，开展针对法国国王路易十四的战争。

历史学家将这条消息告诉了奥德赛公司，奥德赛公司告诉了英国政府，两家不久后达成了一项协议：奥德赛公司负责沉船寻找和打捞事宜，一旦找到“苏塞克斯”号的财物，奥德赛公司将和英国政府平分所得。

经过多年的研究探测后，奥德赛公司相信自己已经找到了“苏

塞克斯”号的沉没地点，可是却一直无法实施打捞：沉船海域位于西班牙安达卢西亚地区的管辖海域内，为了保护本国的水下文化遗产，一直不允许奥德赛公司实施打捞工作。直到2007年3月份，西班牙政府才和英国政府达成协议，按照协议，两国将共同寻找英国沉船皇家海军“苏塞克斯”号上的货物，西班牙会派遣一队考古学家，全程参与水下考古和打捞工作，如果沉船被证实是“苏塞克斯”号，它将根据国际法承认船体和船上的货物为英国财产。

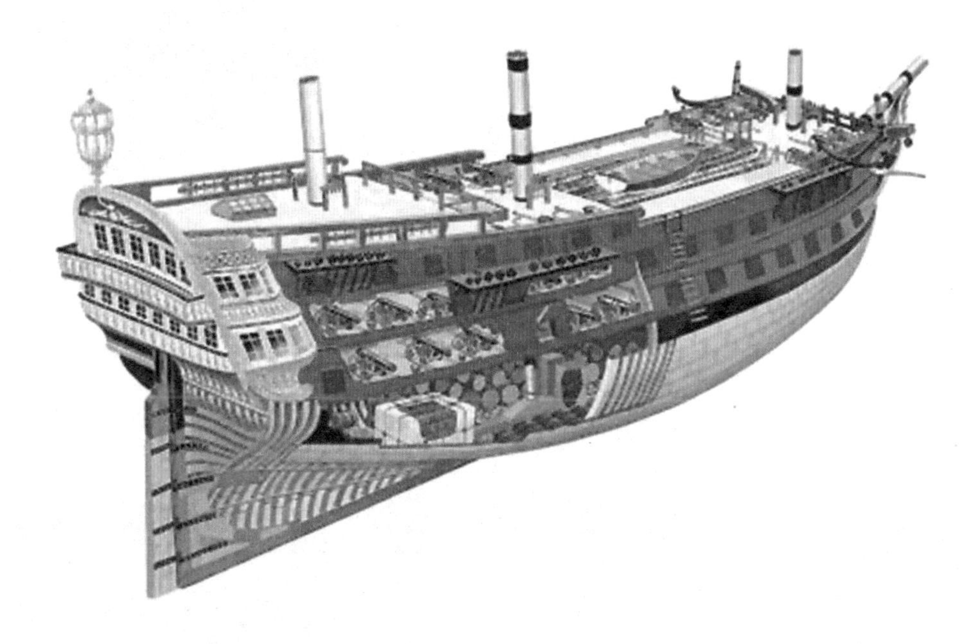

新奥尔良简介

新奥尔良市是美国路易斯安那州最大的城市，也是美国仅次于纽约的第二大港城。它坐落在路易斯安那州的东南部，密西西比河下游入海处，北临庞恰特雷恩湖。

新奥尔良建城于密西西比河口，“上城”“下城”皆相对于密西西比河的流向：一个上游，一个下游。上下城的道路大都平行于河流的走向，密西西比河打个大弯，道路们便也跟着弯弯曲曲的如同扇面发散开来，故新奥尔良城又得绰号“新月城”。

人说镜花水月，新奥尔良这“新月城”确是座水中之城。整个城市位于海平面以下十英尺左右，北面是庞恰特雷恩湖，南面密西西比河横穿过市，城中运河渠道众多，地形就如同一只碗，四围以高高的河堤保护起来。每年六月到十月的飓风季节，新奥尔良人都要密切关注飓风登陆的地点。一般飓风云团都是逆时针旋转，如果飓风登陆后风眼移动到庞恰特雷恩湖左边，风向把湖水向湖北方吹走，新奥尔良就安然无事；可如果在湖右边，那湖水就要倒灌进城一片汪洋了。尽管如此，卡特里娜飓风前的新奥尔良，依然是“今朝有酒今朝醉”，飓风来了，人们宁愿守在老城里祈祷平安无事，也不愿惶惶撤离。

时光流转，十九世纪中期，新奥尔良优良的海港与运输便利使其成为南方最具吸引力的大城市。除了法国人，西班牙人和拉美贵族，以及美国的北佬大量南迁，欧洲爱尔兰与德国移民也大量涌入，意大利人、希腊人、克罗地亚人、菲律宾移民都很常见。一直到20世纪初，外国移民进入新奥尔良的人口比美国人自己还要多，这里成为了名副其实的文化大融炉。

与美国东北或者西部加州的

文化融合不同，新奥尔良这片神奇的土地对传统克里欧文化的保护性非常强，每一次的融合都是获取外来文化的特色融入克里欧传统之中。坐着古老的街车沿圣查尔斯大街从法国区向上城缓缓行驶，人宛如步入时光隧道，从欧陆风情的法国区，到典型美国商业区，再到宛如美国南卡罗来纳州查尔斯顿的橡树大道，还有20世纪初曾经普及的维多利亚式建筑。这些曾经不同的语言、文化、时尚、信仰，如今都紧密交织在了一起，演变出狂欢节、爵士乐、巫毒教，演变成充满克里欧风情的独特的新奥尔良文化。

进入20世纪，随着爵士乐的兴起，大量的艺术家涌入新奥尔良。他们之中有相当一部分是同性恋人士，包括爵士钢琴之王托尼·杰克逊，作家杜鲁门·卡波特，还有写下不朽的《欲望号街车》的剧作家威廉·田纳西等。波旁街上著名的老铁匠酒吧从开张起就对同性恋人事敞开大门，后来“被放逐的拉斐特咖啡馆”更是波旁街上历史最为悠久的同性恋酒吧。尽管同性恋运动在新奥尔良遭受过几次重大打击，但新奥尔良1991年通过了反对同性恋歧视的法令，1997年新奥尔良市长决定将传统婚姻的权益延伸至同性配偶关系中。在保守传统的南方，新奥尔良在同性恋平权运动中的激进可见一斑。

第五章

著名海盗宝藏篇

“鲜红的夕阳，漆黑的骷髅旗，沾满血污的战刀以及成堆的让人睁不开眼的黄金。”海盗，是一个让人畏惧而又向往的名字，它代表了自由、浪漫、权势和不可一世的骄横与霸道。在人类文明的漫长进程中它总是一股神秘而无法估测的力量，藏在阳光的背后，充满诱惑，也充满血腥的味道。海上，关于海盗非人非神的传说渐渐流行起来……

海盗是一门相当古老的犯罪行业，自有船只航行以来，就有海盗的存在。在我们生活的星球上，70%的面积是海洋。14世纪中叶，随着哥伦布发现新大陆以及新航路的开辟，海上贸易猛增，而人类最古老的行业之一——海盗也在广袤的海面上骤然崛起，海盗历史翻开了新的一页。可以说，与波澜壮阔的大航海时代相伴的就是大海盗时代。海盗这个行业的主要特点就是海盗者多非单独的犯罪者，往往是以犯罪团体的形式打劫。本章将为大家讲述海盗的历史。

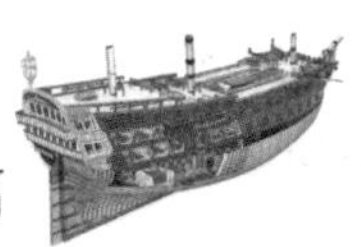

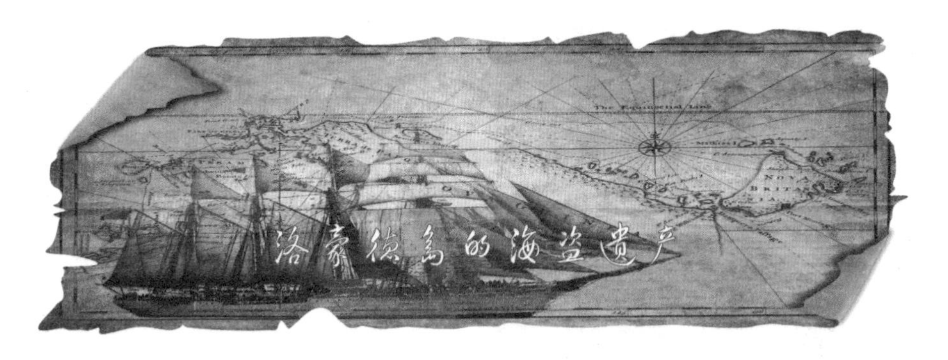

在澳大利亚，有一个名为洛豪德的小岛，该岛并非鸟语花香、景色宜人的胜地，然而，“岛不在美，有宝则名”。相传岛上藏有无数财宝，周围海底也铺满耀眼炫目的宝石。

17世纪70年代，一位名叫威廉·菲波斯的人，在偶然中发现一张有关洛豪德岛的地图，图上标有西班牙商船“黄金”号的沉没地，他惊喜若狂，感觉到一个发财的机会到来了。

原来，“黄金”号商船有一段神秘的故事，那是在16世纪50到70年代，西班牙人沿着哥伦布的航迹远征美洲，从印地安人手里掠夺了无数金银珠宝，然后载满船舱回国。然而，他们的行动被海盗们觉察了。于是，海盗们疯狂袭击每一艘过往的商船，惨杀船员，抢夺

了大量财宝。如山沉重的财宝，海盗们无法全部带走，于是将剩余部分埋藏在洛豪德岛，并绘制了藏宝图，海贼们发血誓表示严守秘密，以图永享这笔不义之财。哪知海盗们终归是海盗，并无信誉可言，一些阴谋者企图独吞宝藏，一时间血肉横飞，一场火并留下了具具尸体，胜利者携带藏宝图混迹天下，过着花天酒地、骄奢淫逸的生活，而藏金岛的传说也不胫而走、风靡世界。

菲波斯怀揣这张不知真假的藏宝图，登上荒岛，四处勘察，然而他一无所获。正当他徘徊海滩时，无意中脚陷入沙中，触及到一块异物，经发掘是一丛精美绝伦的大珊瑚，在珊瑚内竟又藏有一只精致木箱，箱中盛满金币、银币和珍奇宝物。菲波斯狂喜万分，他在岛上待了3个月，疯狂地寻觅，整整30吨金银珠宝装满了他的纵帆船，他实现了发财梦。

一时间许多真真假假的“藏宝图”应运而生，充斥欧洲，高价出卖，不少发财狂们重金购买，不惜血本，结果呢？不少人或葬身海底，或暴死荒岛。海盗的遗产成了一个充满诱惑的谜团。

海盗的种类

1. PIRATE（海盗）

“PIRATE”的基本意思是指海上抢劫者。而“PIRACY”则是指在海军部的司法权以内的海上掠夺。

注：英文“PIRATE”（海盗）一词，源于希腊文中的“πειρατηζ”。这个词在希腊出现的时间相对较晚，之前，通常用另一个词来表示，即“ληιστηζ”。海盗可以被定义为：攻击或企图攻击船只的武装的强盗。而海盗劫掠则是：“对于一些人在海上实施暴力抢劫和通过海路到一个城邦的领土上实施抢劫的行为的确定。”

2. CORSAIR（回教徒海盗）

这个词被用来指在地中海进行劫掠的海盗或私略者。他们中最著名的是从北非来的蛮族（欧洲人称伊斯兰教徒

野蛮人）海盗。他们的政府授权他们以便攻击基督国家的海上运送。名声略逊的是由圣约翰骑士领导，不断与土耳其人争斗的马耳他海盗。起初他们的热情由宗教来推动，但是后来海上掠夺成了真正目的。

3. PRIVATEER（私掠者）

“PRIVATEER”既可以指武装的船只（武装民船）,又可以指它的首领（私掠者）或它的船员。私掠者与海盗之间的主要的差别是：私掠者得到政府的命令及授权来俘获敌对民族的商船。

来自政府或是商会的信件公文是国际通用的。战时各国常采用武装民船来攻击敌对船只，因为这样既省下了造船费，又保存了正规海军的实力。

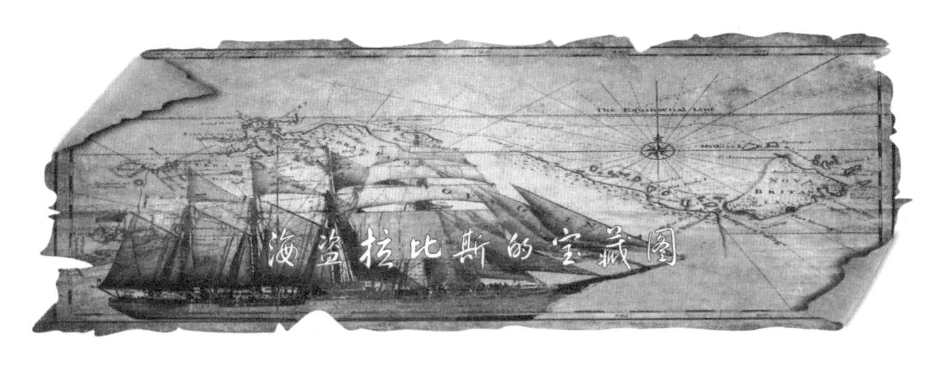

海盗拉比斯的宝藏图

拉比斯，原名埃德加·D·别恩克，17世纪末出生于法国中部的一个贵族家庭，曾经进入法国的王家海军学院学习，在18岁的时候成为法国海军的一名见习参谋，由于打仗勇敢，而且善于谋略，在21岁时被提拔为大副，又在26岁成为法国海军最年轻的舰长，似乎光明的前途在向他招手。不过在他28岁那年，发生了的一件事改变了他的人生。

拉比斯28岁的时候，指挥自己的军舰在印度洋南部的海域上，击败了一艘葡萄牙的私掠海盗船，缴获了大量的金银珠宝，得到了法国海军的奖赏，而拉比斯本人也被提拔成为少校，在庆祝过程中，喝醉酒的拉比斯与同样醉醺醺的大副发生争执，继而刀枪相见，在混乱中，火枪的铁弹子击中了正在拉比斯的军舰上巡视的法国海军的高级官员，当场毙命。

拉比斯知道自己闯了大祸，索性一不作二不休，带上了自己几个亲信手下，跑到印度洋当起海盗来了，由于他以前当过海军，熟悉海军的运作，加上本人心狠手辣，狡猾无比，很快就在海盗偏少的东非海域及印度洋闯出了名头。1832年是他人生的巅峰时刻，拉比斯抢劫了葡萄牙的运送价值30亿法郎珠宝的商船，并将这艘商船改名“拉比斯”号，作为自己的旗舰，风光一时。

1845年，法国著名的海军将领居伊—鲁埃斯在印度洋打败英国海军，法国控制了这一海域，同时大力扫荡海盗，不少在印度洋谋生的海盗要么投降，要么被剿灭，作为印度洋名气最大的海盗，拉比斯自然不能幸免，1847年，拉比斯在马达加斯加海域被海军打败，并被抓获。由于他的名气太大，所以海军派遣了三艘军舰专程送拉比斯回法国受审，而负责押送的，正是当年与拉比斯发生争执的大副，如今官拜海军少将。

拉比斯自知难免一死，遂向法国政府提出，自己愿意以价值170亿法郎的藏宝换取性命，但是被法国政府拒绝。在行刑当天，拉比斯向围观的人群扔出了一个羊皮卷，并大声说：“去吧，我的宝藏属于能解开它的人。”在拉比斯被绞死的19年后，他的藏宝图有一份影印件落在了英国牧师兼探险家弗洛达手中。弗洛达精心研究拉比斯密宝上的17排密码，经过艰苦的破译工作，有16排的密码都被破解，只有第12排的密码怎么也破解不开，经过推理分析，弗洛达认为拉比斯的宝藏最有可能藏在印度洋南部的塞舌尔群岛上，因为当年的拉比斯一伙，在塞舌尔群岛附近最为活跃。于是，弗洛达到了塞舌尔群岛，住了28年，却一无所获，郁闷的弗洛达牧师回到英国后，就郁郁而终。

这件事在二战之前一直是法国的国家级机密后来法国被德国占领，希魔也曾经准备派人到印度洋

寻找这份传说中的巨大宝藏，不过后来因为战事的关系，一直没有如愿。

因为北非战役的失利，纳粹德国一直没有打开通往印度洋海域的通道，不过传说纳粹德国曾经专门组织人破译拉比斯的那17行密码，但还是不得要领。

那17行密码是拉比斯用印度的梵文、法国南部的古法语以及塞舌尔人的俗语写成的，每一行的意义都不同，解开每一行，会有一个谜语，谜语一共有七个谜底，其中一个谜底是正确的法语单词，然后把17行解出来的正确法语单词，按照一定顺序排列，就会再次形成一个谜语，这个谜语的答案就是最后藏宝的地点。

弗洛达解开了16行的谜底，但是最难的第12行，不但没有得到答案，连谜语都没有得到。充分体现了拉比斯在密码学研究方面非常精通。

现在拉比斯的宝藏图仍然静静的躺在法国国家图书馆内，而卢浮宫的那份复制品，同样引来了全世界觊觎拉比斯密宝的人。至于拉比斯价值超过170亿法郎的宝藏，到底在何处，仍然是一个未解的谜。

世界十大“臭名昭著”的海盗岛

1. Tortuga

Tortuga位于海地北海岸，属于多岩石的岛屿，是历史上非常著名的海盗基地。1630年左右由于劫持西班牙的商船而被法国政府驱赶的海盗就定居于此。在影片《加勒比海盗Ⅰ》中，Tortuga就是海盗首领Jack和Will最先赶赴的岛屿。

2. Port Royal（皇家港口）

Port Royal（皇家港口）群岛位于牙买加，是16世纪一个非常重要的航海港口。当时的英国政府鼓励海盗定居在此并袭击过往的法国和西班牙商船。在1692年6月份那次非常严重的地震使海水淹没了岛屿上的城镇之前，这里都被称为“海盗乐园”。位于弗吉尼亚的航海博物馆中对此次地震有着比较详细的记录，当时的人们认为这是“上帝的惩罚”。

在《加勒比海盗Ⅲ中》，Jack船长成功离开了毛利人的岛屿后遵循着terage的指示来到了这里，并在这里找到了名叫Dalama的吉卜赛女人。

3. Nassau（拿骚）

Nassau（拿骚）位于巴哈马群岛中北部的新普罗维登斯岛北岸，距美国的迈阿密城只有290公里。这里曾经是一个非常破烂不堪的小镇，甚至连真正的房子都没有。但是Nassau却见证了历史上海盗的黄金时期，作为当时加勒比海域最强大的海盗集团，这里出现了历史上很多非常有名的海盗首领，比如Calico Jack、Rackham、Anne Bonny和黑胡子。一直到1725年英国政府特派伍德·罗杰斯来此“剿匪”，这里的海盗团伙才慢慢消失。所以拿骚岛的格言为“消灭海盗——振兴经济”。

4. Cayman Islands（英属开曼群岛）

Cayman Islands（开曼群岛）由佛罗里达迈阿密以南480英里的3个加勒比海岛屿组成，包括大开曼岛、小开曼岛和开曼布拉克岛。在1503年被哥伦布发现，由于正好位于墨西哥和古巴航线的中间，可以作为海盗中途停留休息的地方，所以经常被海盗用作基地，特别是臭名昭著的黑胡子——爱德华·蒂奇。1722年左右，托马斯·安斯蒂斯海盗船航行到大开曼岛附近的时候，被英国军队发现并遭受到了沉重的打击，死伤了很多船员。

5. St.Croix（圣克洛伊岛）

St.Croix（圣克洛伊岛）在海盗的黄金时期还只是一个荒无人烟的小岛，由于处于三角贸易区的中心位置，又有一个不为众人所知的隐蔽的港口，所以为过往的海盗提供了非常完美的隐蔽场所。1717年1月，英国的士兵在此击败了海盗约翰，战争的幸存者在这里几乎被饿死，恰巧另外两个海盗单桅船救了他们并一起逃往了Virgin Gorda（维京果岛）。

6. Virgin Gorda（英属维京果岛）

Virgin Gorda（维京果岛）是1493年由哥伦布在寻找新大陆的第二次旅途中发现的群岛，岛的得名是因为哥伦布认为从海上看过来它就像一个躺着的有着突出的腹部的女人。该岛因为锯齿状的海岸线为海盗提供了非常安全的停泊地点，包括历史上非常有名的海盗“黑胡子”和基德船长。

7. LaBlanquilla岛

LaBlanquilla岛位于委内瑞拉，在岛上能够看见的距离内没有多少船只经过，《海盗共和国》的作者科林·伍德认为它是那些为了躲避巴巴多斯岛和法属马提尼克岛法律制裁的人们的非常好的藏身之处。海盗“布莱克·萨姆”于18世纪在岛上创建了他的海盗基地，并藏匿了很多珍宝。这些宝藏于1984年被发现，委内瑞拉政府将于2007年6月份开始用这些宝藏建设国家旅游设施。

8. Roatan岛

洪都拉斯群岛的Roatan岛拥有全世界第二大的珊瑚礁群，使得该岛在17世纪就成为了上百个海盗团伙的基地，包括历史上非常有名的“摩根船长”和“Laurensde Graff ”。在这里，海盗们袭击来往的西班牙商船，获得了很多来自亚洲的瓷器和来自秘鲁的银器。有传言说20世纪60年代有很多探宝者找到了“摩根船长”的一些宝藏，而且据说这里肯定还有更多未被发现的财宝。

9. St.Kitts（圣基茨岛）

根据安格斯所著的《海盗的历史》，17世纪末，法国政府在一些海盗团伙的帮助下，以“基德船长”的名义袭击了St.Kitts（圣基茨岛）。基德船长生于英国受雇于法国，当他偷了法国军队的一艘船并将船开到了尼维斯岛的时候，很快就成了英国的英雄。但是最后还是因为曾作为海盗而被指控，并在泰晤士河边被实施了绞刑。

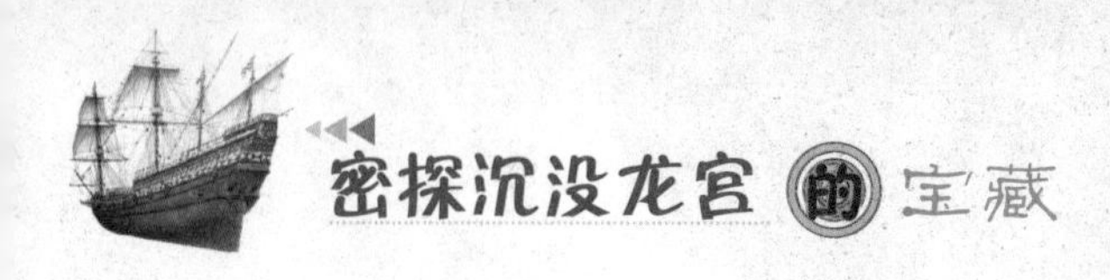

10. Guadeloupe（法属瓜德罗普岛）

Guadeloupe（瓜德罗普岛）位于小安的列斯群岛中部，根据《海盗共和国》的作者科林·伍德的描述，著名的“黑胡子”海盗（在他胡子上插着两根点燃的导火线并在其牙齿上钉了徽章）在1717年11月28日逃离该岛，逃走的同时还偷走了一艘法国的运糖船。

海盗金特的宝藏

海盗头子威廉·金特是18世纪美洲名声最响的海盗。

几乎每个水手都知道他在那距今已很遥远的18世纪初的生平故事，长久以来关于金特宝藏的故事并没有沉寂下来，直到今天，考古学家和那些相信自己运气的人还在寻找这个苏格兰海盗的战利品。这个宝藏不仅有金条、美丽绝伦的珍珠和闪闪发光的红宝石，而且有李子般大小的钻石和充满异域风情的极其炫目的珠宝首饰。这些无与伦比的珍品很多都曾属于奥朗普斯亲王——印度莫卧尔帝国统治者。

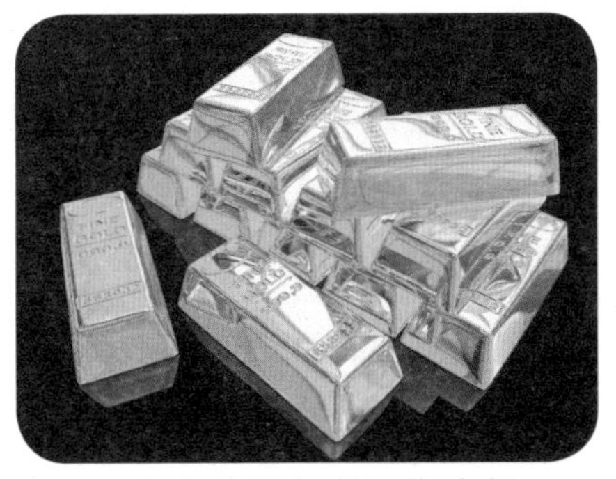

威廉·金特是由马塞诸塞的皇家总督伯洛蒙特为了捕获海盗而雇佣的私掠者。没抓到海盗，金特自己却当上了海盗，1697年，威廉·金特让他的手下在他的船队桅杆顶部挂起了一面红色的海盗旗，并在红海袭击了一支来自默卡的伊

斯兰朝圣者船队，从此开始了他铤而走险的一连串海盗行为。在接下来的两年里，威廉·金特成了马达加斯加和马拉巴海线之间“海洋上的恐怖”，在此过程中他积聚了不计其数的财富，并为他们找到了一个安全的寄存处。

1699年，金特在拉丁美洲的伊斯帕尼奥拉岛停了下来，同年7月到达波士顿港口后，他给在波士顿的贝洛蒙特勋爵写了一封信，希望得到这位勋爵的支持以期获得大赦，并答应此他愿意向贝罗蒙特勋爵交付40万英镑。贝洛蒙勋爵口头承诺，保证金特在美国享有完全的自由，但当金特和他的水手一踏上陆地，就马上被逮捕进了监狱。人们随即在他的驻地找到了价值约1000英镑的一袋金粉以及银币和一些其他金质品。

1700年2月16日，金特船长作为大不列颠国王的犯人被带回了伦敦，他在英格兰监狱中度过了将近一年的时间，最后以海盗罪和谋杀罪被判绞刑。当局同意他的妻子到监狱与丈夫做最后的诀别。会面中金特悄悄塞给他妻子一小块羊皮纸，然后又低声地说了些什么。在外面观察的看守们马上注意到了他们夫妻之间的秘密转交，并没收了那个小羊皮纸团。

纸团上只写着充满神秘色彩的四个数字：44—10—66—18。

1701年5月23日，金特被送上了绞刑架。在他死后，越来越多的人开始考虑他留下的扑朔迷离的数字和传说中的宝藏。人们不断地尝试着解开金特下落不明的宝藏之谜。

很快，有人破解了他写下的数字，认为这是在暗示西经44度10分，北纬66度18分。按照这个坐标，在长岛的东部尽头、离纽约不远的地方，可以找到一个叫做“加地纳”的小岛。于是，寻宝者纷纷来到了这座名不见经传的小岛寻找金子、钻石以及大量的珠宝。

300年过去了，金特的宝藏始终没有线索，直到1932年，有个叫帕尔默的英国人在一家旧货店里买到了一个奇怪的钉着铁箍的旧水手箱。帕尔默在那只箱子里发现了

一块奇怪的小木板，他掀开那条木板，里面有块羊皮纸掉了下来。

纸上是一个小岛的地图，在这张地图上可以清楚地看到在环礁湖旁有一个湖湾，然后是珊瑚暗礁，还有表示树木和明确的步伐距离的说明。同时在羊皮纸边上还有一个提示："要想找到我的宝藏，必须沿着这条路走。金特船长，1696年。"帕尔默惊呆了，他简直不敢相信自己的眼睛。

冷静之后的帕尔默又陷入困惑之中，因为那纸上并没有写明这是哪座岛，哪个地区，哪片海域。帕尔默整天泡在图书馆、档案馆、老古董店，在那一团团发黄的破海图上看来看去，他不厌其烦地查询有关金特船长的资料，搜寻金特船长过去使用的遗物。他用一年多的时间寻找这个问题的答案，却并没有解开这个谜。

1933年夏天，他从一个古董商处买来一张金特使用过的斜面写字柜。他非常仔细地检查了这个写字柜，在一个用松脂和沥青粘住的极其微小的洞里，找到了一个小羊皮纸球。帕尔默发现，第二张藏宝图上的一切都和第一张几乎完全一样，惟一缺少的就是对小岛名称的提示。帕尔默在展开的小羊皮纸团上发现了几个额外的字母，他辨认出是"中国海"几个字。

碰巧，在同一年有人向帕尔默出售了第二个金特使用过的古老木箱。在这个箱子的一个秘密抽屉的夹层缝隙里，帕尔默发现了第三张

羊皮纸，上面同样画有一张藏宝图，它不但包括了那个神秘岛屿的轮廓，而且还标有地理的经度和纬度。

拿着这三张藏宝图，帕尔默激动得彻夜难眠，为了找到这个神秘的小岛，他决定远去伦敦，将他的三幅藏宝图与在伦敦大不列颠博物馆地形测量部中找到的上百张或新或旧的海洋地图进行比较。最后，这件事惊动了英国海军部。他们小心翼翼地检验了那三张藏宝图的真实性。确认之后，英国海军部同意为帕尔默提供一艘寻宝船和必要的帮助，但条件是帕尔默必须把全部宝藏的证明材料如实交给大不列颠政府。帕尔默拒绝了这一建议。

帕尔默这次下定决心，要跟随朋友去寻找这个小岛。然而，命运却捉弄了这位寻宝者，就在他为寻宝做着准备期间却突然死去，他的三张藏宝图和金特船长的宝藏再一次被陷入重重迷雾之中。

在帕尔默去世20多年后，1951年，一个名叫布劳恩雷的人用5000英镑将英格兰海盗船长的藏宝图从帕尔默从前的女管家和惟一继承人手中买了下来。

终于，一艘名位“拉莫纳”的两桅帆船载着布劳恩雷和来自5个国家的共12名寻宝者组成的寻宝队，浩浩荡荡地出海了。然而，没想到他们的快艇在海上遇到了飓风。他们在海上艰难地漂流了4天之后，遇到了英格兰舰队的供给船，结果只能被供给船托拽着行驶。布劳恩雷在无奈中结束了这次满怀希望的寻宝之旅。

1952年，日本渔民为了躲避暴风雨来到了位于台湾岛和日本九州岛之间的琉球群岛最北部一个叫做“净矿岛”的小岛上。在一个纯粹偶然的场合他们发现了带裂缝的石墙上十分罕见的山羊石画。

这件富有意义的发掘物给一位业余海盗宝藏研究者那贺岛带来了无限的遐想。那贺岛系统地踏遍了这个荒无人烟的岛屿，最终在最茂密的灌木丛后面发现了一个通往山洞的入口。于是那贺岛点燃了一支火把，一步步摸索着向前，通过了一道石门，来到一间更黑暗的石室中。他在那里停下来，急速地张大眼睛盯着满地的铁箱子。当他打开沉甸甸的箱盖时，奇异的景象呈现在他的面前：这里不仅有多的令人不敢相信的金币和银币在闪闪发光，更有美妙绝伦的首饰和珠宝。这就是威廉·金特的百万战利品——至今为止发现的最大宝藏之一。两百多年来，这些沉甸甸的藏宝箱一直放在琉球群岛那个偏远的洞中。

金特财富的物质价值对这位私人研究者那贺岛来说没有什么重大意义，他只想从日本政府得到研究和寻找经费的补偿，甚至拒绝了发给他的奖金。宝藏在最严密的保护措施下被运往东京。但最终，金特的百万宝藏还是不知所终，金特的战利品再一次消失在充满了传说和逸闻的模糊不清的迷雾中。

海盗们把珍贵的金锚链扔进深深的幽灵般的沼泽里，而其他不计其数的金银珠宝则被藏在吕贝克和罗斯托克之间不同的地方。

直到今天，克劳斯·施托尔特贝克尔的宝藏仍然没有被找到。古老的编年史和历史传说中有价值的提示太少了。除此之外，直到今天人们也没有发现能引导人们去找到下落不明的海盗秘密藏宝地的文字说明或藏宝图。或许只有偶然的发现才能够使它们真相大白。

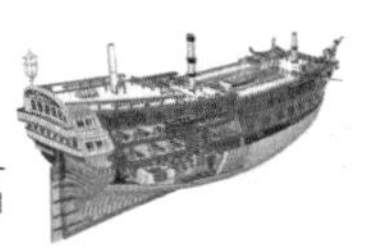

世界著名海盗

1. 海盗学识家：威廉·丹彼尔

威廉·丹彼尔，于1652年出生，英国人，在印度洋上当过见习水手，后来应征入伍成了一名皇家海军，并参加了英荷海战。1673年，21岁的他加入了西印度群岛一带的海盗集团，袭击西班牙的船只，1683年他们又转移到了几内亚湾里来打劫。于是他凭着自己的胆量和才干，很快就成了船长。和其他海盗不同，他对金钱和珠宝并不在意，却对气象、水文现象和海洋动植物有着浓厚的兴趣，多年作为海盗的航海经历让他对自然界的一切极为熟悉。1693年，当他第一次回到伦敦后就根据自己的经历写成了《新环球航行》，该书一时间引起了很大的轰动。

1699年，丹彼尔再次出航，此时他已经是“皇家海军军官”，他将受任命指挥“罗巴克”号军舰考察南太平洋，1700年2月中旬，他发现了今天的澳大利亚。此次航行让他绘制了完整的南太平洋地图。1700年，丹彼尔回国发表了《风论》，在书中对大量气象规律进行了总结，成为海洋气象学史上不朽的名著。而值得一提的是在1708-1711年丹彼尔的环球航行中，他们在智利附近一个荒芜人烟的岛屿胡安·菲南德时发现了一个身着羊皮的“野人”，这个名叫亚力山大·塞尔科克的苏格兰人就是《鲁滨逊漂流记》主人公的原型。1715年，63岁的丹彼尔于伦敦病逝，尽管他曾是一名海盗，但是人们铭记的却是他对科学事业作出的巨大贡献。

2. 海上魔王：弗朗西斯·德雷克

弗朗西斯·德雷克也是一个具有争议性的人物。在有的人眼中，他是一名贵族；而在另一些人看来，他却是一名海盗。他出生于英国德文郡一个贫苦农民的家中，从学徒干到水手，最后成为商船船长，他的地位和经历在历史上最为特殊。1568年，德雷克和他的表兄约翰·霍金斯带领五艘贩奴船前往墨西哥，由于受到风暴袭击而向西班牙港口需求援助。但是西班牙人对他们的欺骗险些让他丢了性命。从此后他发誓在有生之年一定要向西班牙复仇。

1572年，德雷克召集了一批人横穿了美洲大陆，第一次见到了浩瀚的太平洋，同时在南美丛林里抢劫了运送黄金的骡队，接着又打下几艘西班牙大帆船，最后成功地返回了英国。他由此成为了女王的亲信。而关于他和女王之间不可告人关系的传闻在历史上也有颇多微词。

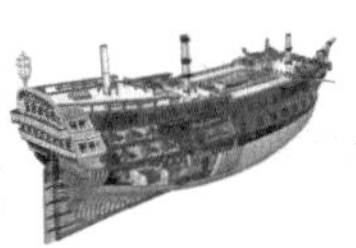

1577年，他乘着旗舰“金鹿”号直奔美洲沿岸向西班牙船队发起了进攻。在西班牙军舰追击下，德雷克逃往南方并发现了今天的“德雷克海峡”。而德雷克也一直向西横渡了太平洋，并于1579年9月26日回到了阔别已久的普次茅斯港。这次航行是继麦哲伦之后的第二次环球航行。自此以后，太平洋再也不是西班牙一家的天下。1587年，英西海战爆发，德雷克的海盗船队在这次英国击败西班牙无敌舰队的战争中起到了至关重要的作用。而德雷克也被封为英格兰勋爵，登上了海盗史上的最高峰。

3. 红胡子：希尔顿·蕾斯（巴尔巴罗萨）

大家都知道希尔顿蕾斯是红胡子，但那个时代有一个非常有名的红胡子，人们称呼他为“巴尔巴罗萨”也就是红胡子的意思。而且他是奥斯曼人。红胡子共有兄弟4人，红胡子排行第四，本名阿错尔。父亲是一个陶工，有一艘运陶制品的船。父亲死后兄弟们干上了海盗的营生，只有老三继承了父业。后来兄弟三人中除了阿错尔以外都在抢劫时死了，只有他成了当时有名的海盗，因此苏丹赐给他一个光荣的名字“海拉金”（海雷丁）。

海拉金在地中海与西班牙争夺阿尔及尔，1529年海拉金打败西班牙之后，在阿尔及尔建立起了国家规模的海盗统

治地位，一切都很顺利，在其统治时期没有遇到强有力的反抗。后来奥斯曼帝国进攻维也纳，皇帝查理五世任命热那亚人安德列·多里阿为地中海帝国海军元帅。而这时候苏丹把海拉金召到君士坦丁堡，任命他为奥斯曼帝国海军元帅，并宣布：“我把所有船只交你指挥，把帝国的海岸托你保卫。”

多里阿与海拉金的战斗一时不分胜负。多里阿在地中海东部取得一系列胜利时，海拉金率领强大舰队到了意大利海岸，搅的鸡犬不宁，人心惶惶。他在美塞尼亚湾击败多里阿，一直追击到威尼斯湾。1534年，他第二次来到意大利海岸，劫掠了雷佐和热那亚两城。

在这之后，查理五士组织了一支冒险队进行反击，攻占了突尼斯，1535年7月21日，查理五士凯旋入城，听任士兵劫掠。负责守城的海拉金得以逃跑。1538年9月25日，在希腊西海岸的普雷佛扎湾，多里阿统帅的西班牙–突尼斯联合舰队同海拉金统帅的土尔其舰队展开激战。多里阿战败，威尼斯被迫与苏丹签订了不平等条约，从此以后海拉金成了地中海权利无限的霸主。

1546年，土耳其海军元帅，万人敬仰的英雄——红胡子大海盗海拉金去世。

4. 红发女海盗：卡特琳娜

有着西班牙海盗女王之称的唐·埃斯坦巴·卡特琳娜，18世纪中叶出生于西班牙，是当时巴塞罗那船王的千金。自幼喜武厌文的性格让她无法忍受父亲在她18岁时将其送到修道院的决定而逃离家庭。她剪掉了自己的红发，并女扮男装开始了流浪生涯。为了活下去，她干过各种职业，在酒吧里当伙计，在邮局当邮差，参加过盗贼团，也干过水手。一年后，她在秘鲁报名参加了陆军，并且成功的隐瞒了自己的身份。但是后来在一次暴乱中她错手杀死自己的哥哥而走上了海盗之路。

在一次海战中因为船长的战死，卡特琳娜被推选当上了新的船长，到这个时候她才恢复女儿身。在今后的岁月中卡特琳娜用自己的行动成为了海盗女王，但她也有自己的准则：她从来不曾袭击过一艘西班牙船只，还经常救助那些落难的西班牙商船。在她心中无时无刻不在思念自己的祖国。最后在西班牙和英国的联合围剿下，卡特琳娜队伍被西班牙舰队击溃。

她被带回马德里受审，经过一审就被判处死刑，但国民一致认为她是无罪的。这件事惊动了国王菲利普三世，在他的干预下法院重新审理了案件，最终将卡塔琳娜无罪释放。不仅如此，国王还亲自召见了这位“西班牙的英雄”，赏赐给她“大笔的金钱和封地”。卡塔琳娜就一直住在那里，终生未嫁。

5. 海盗的王者：托马斯·图

托马斯·图出生于下层海盗，最早是武装民运船的船长。1692年，他入股经营70吨的“友谊号”快帆船，并通过贿赂官员的途径得到了一张民船委任状授权他去袭击非洲的一个法国海上贸易站。但船一出港，托马斯就向船员们宣布了去东方发财的计划并获得了支持。“友谊号”开始扬帆向东沿着当年达·伽马开辟的航线进入印度洋，结果上天偏爱这位新出道的海带，刚驶到红海海口就遇到了一艘莫卧尔大帝的宝船，这成了托马斯的第一个猎物。巨大的收获让仅有8门火炮的“友谊”号开始了它那长达22000海里的疯狂之旅。当1694年4月当“友谊”号回罗德岛时，托马斯带回的巨大财富使他一夜之间成了万众瞩目的人物。而东印度方向也开始成为海盗的目标。然而遗憾的是，这位海盗中前往东印度开抢掠先河的先驱在其第二次东行的时候就死于非命。

6. 辛格尔顿的原型：亨利·埃夫里

亨利·埃夫里，1653年生于英国的朴次茅斯，十几岁就上船当了见习水手，成人后，在非洲几内亚湾做奴隶贸易起家，40岁那年做了受西班牙雇佣的武装民运船“查尔斯二世”的大副。1695年春，当他们在加勒比海上漫无目的搜索法国船只时，传来了托马斯·图在东方发财的消息，埃夫里随即发起了变动，在5月夺取了“查尔斯二世”号，并且将船改名为“幻想”号。当他们行驶到红海海口时，

遇到了另外五条志同道合的海盗船，此时埃夫里的海盗船队形成。

同年8月，在错过了一队满载货物的商船队后，印度最大的船队“冈依沙瓦”成了埃夫里的目标。这位杰出的海盗在印度洋上上演了以少胜多、以弱胜强的经典之战。仅仅几个小时“冈依沙瓦”就被击败。然而这件事引起了英国和印度之间剧烈的国际冲突，亨利·埃夫里也成了大英帝国的头号通缉对象。1696年，埃夫里集团收手散伙，集团中的许多人一踏上英国土地就被挂在了绞架上，只有埃夫里逃脱了。后来也没人再见过他，留下的只是他的海盗故事。而他，正是笛福小说《海盗船长》中辛格尔顿的原型。

7. 女海盗安妮·鲍利

安妮·鲍利是历史上最著名的女海盗之一，她曾是一名种植园主的女儿。18世纪初，她离开家乡加入了海盗头目“棉布杰克”的船队，从此开始了海盗生涯。在一次与围剿军作战时，由于缺乏实战指挥经验，安妮·鲍利敌不住蜂拥而上的英军，在经过一番拼死搏斗后，身负重伤的她以及随她奋战时其他海盗们都被英军俘获。1720年11月16日，在牙买加岛的圣地亚哥德拉韦加法庭开庭审判，安妮和追随她的所有海盗都被判处死刑。

8. 亨利·摩根

“摩根船长”曾经是海盗头目的代名词。摩根最初带领武装民船横行加勒比海地区，后来成为真正的海盗。他最著名的事迹就是对西班牙

殖民地巴拿马市的洗劫与破坏。16岁的欧洲著名海盗哈利慕名加入了摩根船长的新兵招募队伍，想要跟随这位传说中的英雄一起去探险。他很快参加了一次终身难忘的战斗：海盗在圣加达利纳岛拥立的总督被西班牙海军俘虏了，摩根船长部署了周密的营救任务。哈利在营救中遇到了常人难以想象的危险，但最终在摩根的营救下顺利脱险。

9. 棉布杰克

作为海盗旗的倡导者，海盗头目“棉布杰克”其实并没有留下多少值得称道的海盗事迹。他最著名的事迹就是与安妮·鲍妮的结盟以及他的悲惨死法。“棉布杰克”原名约翰·莱克汉姆，之所以有这么个绰号是因为他总是穿着条纹长裤和外套。

“棉布杰克”的海盗生涯始于他对查尔斯·韦恩船只的掌控。韦恩是海盗宝藏船的船长，在和一个法国士兵打斗时被挫败。“棉布杰克”被韦恩的怯懦激怒了，他带领自己的手下进行哗变，把韦恩和他的

支持者驱赶进一艘小帆船，放逐了他们。皇家总督伍兹·罗杰斯的海盗搜捕队攻击“棉布杰克”的船时，安妮和玛丽当时都在船上。在战斗中，“棉布杰克”临阵脱逃，和同伙躲藏到货舱里，把安妮和玛丽留在甲板上对抗英军。1720年，杰克被捕，后被处以绞刑，而且身上被涂满了焦油示众。

10. 海盗王子黑萨姆·贝拉米

海盗王子黑萨姆·贝拉米仅仅活了29岁，人称“黑山姆”或“海盗王子”。“黑山姆”一名的由来是因为贝拉米有着一头黑色的长发，他通常以带子扎束成马尾。“海盗王子”一名的由来则是因为贝拉米的行事作风有别于当时其他的海盗，对俘虏十分宽大与慷慨，甚至在占领船舰后便将自己的旧船给予俘虏，让俘虏得以逃生。他的海盗团员们也自称“义贼团”。

萨姆·贝拉米加入本杰明·霍尼戈的海盗团后，于1716年通过海盗特有的民主表决形式取代霍尼戈而成为新任的海盗头目，随后便四处大肆劫掠，取得丰硕的战果。1717年成功掠夺英籍大型贩奴船——“维达”号，

并以之为旗舰，借由“维达”号的重装武力，成为当时北美洲东岸海域最令人闻风丧胆的海盗之一。不过“维达”号不久便于同年的4月26日在鳕角近海遭遇暴风雨而触礁沉没，翌日人们在海滩上只发现9名生还者及一些被冲上岸的尸体、船体残骸、钱币与杂物，头目贝拉米则不知所踪，据信已葬身海底，享年29岁。

尽管贝勒米掌权的海盗生涯只有一年光景，但他所率领的海盗团却劫掠了超过50艘以上的船舰，包括当时堪称海盗界的顶级战利品——“维达”号及其满载的贩奴利得，估计该海盗团犯罪所得的金银珠宝约有4.5公吨之多。

“维达”号的沉没地点于1984年被确认，2008年仍在打捞，已找到10万件左右的物品，是史上第一艘有实物证实的海盗船。

11. 标准黑胡子海盗：爱德华·蒂奇

爱德华·蒂奇是海盗行为在政府试图取缔但是已经是不可收拾的时候出现的第一海盗。安妮女王时代他曾在一艘武装民船当水手。在西班牙王位继承战争期间，蒂奇开始驾武装民船出海劫掠敌船。他留着一丛浓密的黑胡子，本是大海盗戈特船长的手下，后来脱离了戈特自立门户，1715年他指挥着有40门火炮的“复仇女王”号出海时就找上了普通海盗不敢惹的英国皇家海军。他的疯狂让他的名字在此一战后人人都知道了“黑胡子蒂奇”的名字，而整个大西洋沿岸陷入“连皇家海军都无法确保安全”的恐怖之中。

此后的一段时间中，蒂奇无缘无故地消失了两年。后来复出的他变得更加疯狂，北至弗吉尼亚南至洪都拉斯，全都在他的抢劫范围之内。“黑胡子”在全盛时期拥有由四艘帆船组成的海盗舰队，其中“复仇女王”号是他的旗舰。随着实力的壮大，黑胡子的野心也进一步膨胀，他决心攻击由政府军把握的海港，并计划在这里建立独立的政权。“黑胡子”选定的目标是当时仅次于波士顿、纽约和费城的北美第四大港口查尔斯顿。1718年5月，他率领四艘海盗船封锁了南卡罗莱纳州首府查尔斯·顿。由于当时美国还没有建国，英国海军也没有舰只在附近驻防，黑胡子的围攻立即奏效。海盗舰队旋即捕获了五艘进出港口的商船，并将港内的船只洗劫一空后烧了。他还绑架了几位人质，包括市政议会的议员，查尔斯顿的百万富翁塞缪尔·莱格和他的儿子，扬言要“踏平查尔斯顿”。然而在1718年秋，在与斯波茨伍德的海军的交锋中，蒂奇在稳操胜倦的情况下竟然鬼使神差地死在了梅纳德船长的手上。他的头被悬挂在了海军的旗杆之上。黑胡子的死标致着美洲海盗的衰亡，此时所谓的海盗王只剩下罗伯茨一人。

12. 海盗准男爵：塞亨马缪尔·罗伯茨

塞亨马缪尔·罗伯茨，于1682年出生在英国的威尔士，早年间曾在武装民运船上服务，在当了近20年普通水手后，37岁时加入了戴维斯船长的海盗帮。在一次和葡萄牙人的战斗中戴维斯被打死了，水手们一致推举罗伯茨做了船长。

1719年7月，他指挥“流浪者”号出发的第一件事就是为戴维斯报仇。他夷平了戴维斯遇害的葡萄牙殖民地，然后开始抢掠商船。之后他转战巴西沿岸，虽然最初9个星期没有任何收获，但却最终截获了一支42艘船组成的葡萄牙船队，抢得了大量的金银珠宝。几周后，罗伯茨和40名手下离开“流浪者”号袭击一艘商船，并留下手下沃尔特·肯尼迪掌管船只和船员。因为风浪的阻止，罗伯茨和手下8天后才返回，但此时肯尼迪已经自命为船长并驾船接待余下的战利品离开了。罗伯茨吸取了教训，制定了严格的规章制度。1720年6月，“幸福”号高高悬挂着骷髅旗闯进了特雷巴西港，将150余条船洗劫一空，7月又袭

击了9到10艘法国船只组成的船队，并选中其中一艘作为他新的旗舰“皇家幸福号”。此后到处都在通缉罗伯茨。到了1721年，加勒比海航运完全被他破坏了，他们开始转向非洲。

他一生掠夺了数百艘船只，其横行的地域延伸到巴西甚至更远的纽芬兰岛和西非地区，比同时期的基德和黑胡子都要多，数量可以与亨利·摩根媲美，在整个海盗史上也是数一数二的。这里需要提到的是罗伯茨除了自身有良好的习惯外，还完善了亨利·摩根的海盗法典，为他的海盗船队制定了严格的规章制度，并且严厉地执行，这也使他在海盗中有着极高的威望。

1722年2月10日晨，英国皇军海军的“皇家燕子”号巡洋舰遭遇了“皇家幸福”号，激战中，一块弹片炸开了罗伯茨的喉咙，他当场毙命。就这样，海盗史上最后一位伟大的船长塞亨罗缪尔·罗伯茨结束了生命。随着最后一位主角的退场，“30年海盗黄金时代”也在历史舞台上缓缓降下了它的帷幕。

在1717年2月，珠宝和黑奴的“维达”号从西非出发返回英国。途中，“维达”号遇上了有名的海盗萨姆·贝尔拉密。船员们还未做好迎战准备，海盗们的炮火就如雷雨般猛烈地砸过来。顿时，“维达”号乱作一团。没有支撑多久，船长罗伦斯·普林斯就投降了。虽然萨姆·贝尔拉密和手下共劫持了50多艘船，但是唯有劫持“维达”号这一重大战利品后使人们感到十分骄傲。劫持这艘船后，萨姆把船上的黑人奴隶放了，邀请他们也加入海盗的队伍中

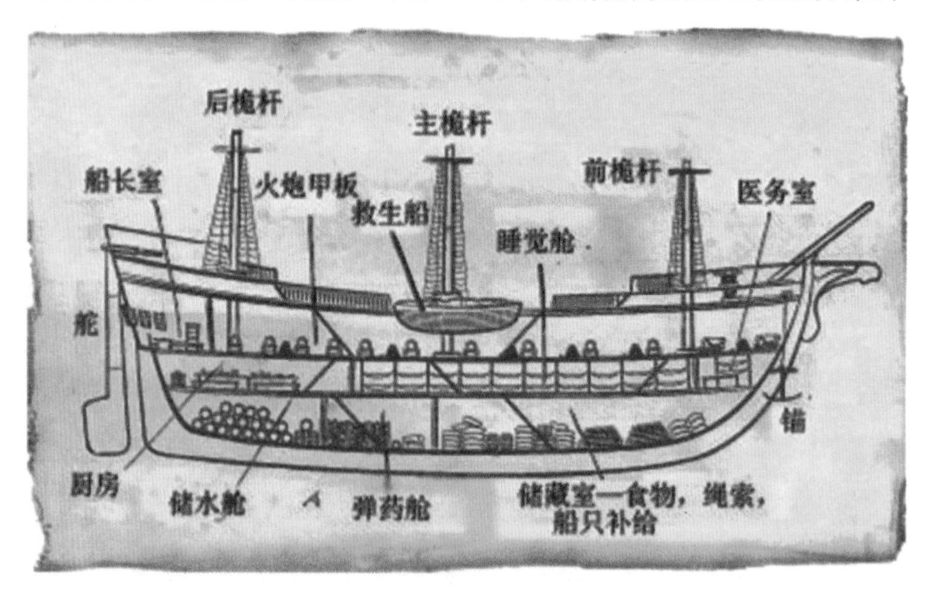

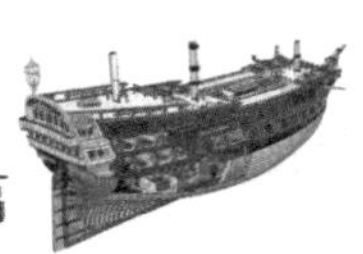

去。受尽百般凌辱的奴隶宁愿做海盗也不愿意做奴隶，于是他们选择了作为萨姆的手下。

同年的4月26日，萨姆带着劫获的“维达”号和另外五艘船前去科德角。可是，凑巧的是，等他们刚离开不久的时候，天气骤然巨变，暴风雨猛烈地击打着海面。在这样恶劣的天气里，“维达”号在海面上艰难地航行着。虽然驾驶员是以为非常又经验的黑人奴隶，但是他也无法控制当时“维达”号受大风大浪猛击的局面。当“维达”号行驶到美国马萨诸塞州卡普·库德湾的时候，一个巨浪把船打翻。船上的人还没来得及逃生，整个船身就裂成了两半，而且十分迅速地沉入了海底。除了几个人幸存外，船上的其他人和海盗的所有财宝都被海水吞没了。据说，萨姆之所以回去科德角是因为他的情人玛利亚·哈里特住在那里，他常去那里与她幽会，而“维达”号的厄运就是从萨姆的这段罗曼蒂克式的爱情开始的。

那个暴风雨之后，人们一直渴望着有一天能够知道宝藏沉没的具体地点。267年之后，贝瑞·克利福德叔叔给他讲的故事中知道了这个关于海盗宝藏沉船的事情。此后，他的梦想就是有一天能够亲自找到宝藏，揭开宝藏沉船之谜。为了弄清楚“维达”号沉船之谜，他阅读过很多关于“维达”号的资料，并且进行了一系列的探险活动。1984年的一天，克利福德和他的伙伴们对外公开宣布：他们发现了“维达”上的炮弹、三门大火炮以及1688年制造的铜币。1985年9月，刻有“维达”号1716的船钟被克利福德和他的探险队们发现了。这是勘测中最有价值的发现，它证

明这些残骸的来源的确是源自萨姆的旧旗舰。此外，根据船钟在船上的摆放位置，一些专家还推测出，与当时大多数的海盗船长一样，黑萨姆是倾向于共和党派的。

自从发现船钟以后，克利福德和他的探险队员不断有新的发现，一共从沉船上找到了10万件物品。除了盘子、衣服、扣子等各种用品之外，还找到了西班牙铸币、非洲稀有宝石、金条、大炮、手枪、航海工具、用来磨刀剑的砂轮等。直到有一年的夏天，克利福德和队员们在离海岸0.25英里、水下25英尺的地方发现了一条木质梁。当他们铲除了上面淤泥沙石之后，“维达”号的船体赫然呈现在眼前。传说中，“维达”号载有5吨重的银币和金条。除了一些西班牙金币外，人部分铸币都是西班牙银币。其中，除了一些来自秘鲁的金币外，多数金币都是墨西哥铸造的。专家推测，如果金币是真的话，那么这批金币降具有十分重要的价值，因为这些金币很可能是用印加金器物重熔铸造而成的。此外，专家发现海盗们的确是想公平分配他们的战利品，因为那些来自非洲的大块宝石都被砍成了小块。

“维达”号是历史上第一艘证实有宝物的海盗船，克利福德探险队发现的不仅是价值连城的宝藏，这些沉寂百年的铸币、器具同样是艺术品，对历史研究具有不可估量的价值。今天，克利福德和他的探险队发现的这些东西都被陈列在博物馆里。尽管如此，至今船上的大部分东西还没有找到。现在，人们仍有做着探寻海底宝藏的美梦。

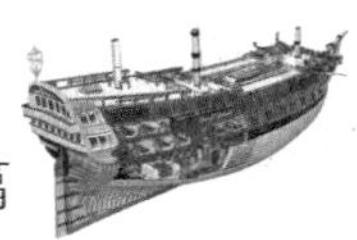

中国著名海盗

1. 中国海盗“祖师”：孙恩

东晋末年，孙恩和卢循领导的海上大起义，从公元 398 年至 411 年，前后历时长达 13 年，有近百万人的海盗大军，转战长江以南广大地区，纵横东海、南海两大海洋。如此波澜壮阔的海上武装起义，是中国海盗史上所罕见的。

孙恩，字灵秀。世奉五斗米道。东晋孝武帝时，其叔父孙泰为五斗米道教主，在民众中有威信，敬之如神，教徒分布于南方各地。至孙泰遇害，孙恩逃于海，在海上聚合亡命，志欲复仇。公元 399 年，自海岛帅其党，杀上虞令，乘胜攻取会稽，队伍迅速扩大，壮大至数十万人。孙恩转战绍兴、宁波、舟山、台州、温州、南京、杨州等地。

卢循，字于先，“神彩清秀，雅有才艺”，善草隶、弈棋，是个文雅之士，公元 402 年，孙恩作战失败投海自杀。余部由卢循为主，转战广州、长沙、南昌、南京和广

东各地，于公元 411 年失败。孙恩、卢循海上反乱被称为“中原海寇之始”，为后世海盗活动提供了经验。后人常称海盗为孙恩，孙恩成了海盗的代名词，这就是海盗祖师孙恩的由来。

2. 浙东“海精”：方国珍

方国珍是浙东台州黄岩县洋山澳人，出身贫苦。史书说他“身长七尺，貌魁梧，面黑体白，坚毅沉勇，力逐奔马”，有歌谣“杨屿青，出海精”，为方国珍起义作舆论准备。元朝末年，即公元 1348 年方国珍于海上起兵，转战浙苏，二十年间分居浙东三郡，威行海上阻抢粮运，在推翻元王朝的武装斗争中起了重大作用。方国珍后归顺朱元璋，被朱元璋称为威行海上的英雄豪杰。

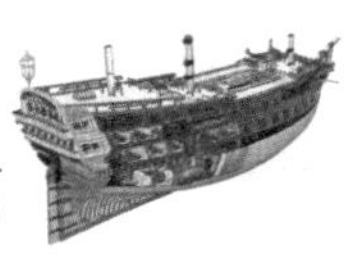

3. 东南私商领袖——净海王：王直

王直，徽州歙县人，少任侠，多智谋。众所周知，明王朝闭锁国，实行海禁。王直长期从事海外走私贸易，开辟宁波双屿港，他既是海商集团首领，又是海盗魁首。那时候，江浙海上海盗分群分党，形势复杂。“素有沉机勇略”的王直依仗强大实力，攻灭多股海盗，千里海疆悉归王直控制。王直靖海有功，多次上疏请求朝廷开放海上通商贸易，被拒绝，反遭官府水师围攻。王直突围逃到日本，重振旗鼓，嘉靖三十一年，即公元 1552 年，率庞大的武装船队进犯东南沿海，攻城掠地，江浙为之动摇，官军望风披靡。王直占据定海，自称“净海王”，后称“徽王”。

明朝廷武力征剿失败，就改换手法，逮捕了王直徽州老家的妻儿母做为人质，派员日本，欺骗王直同意解除海禁开市通商，设计诱捕王直，王直入狱后两年，被朝廷下令斩杀于杭州官巷口，至死不屈。当时人言王直以威信雄海上，无他罪状，杀之无理。徐光启为他鸣不平说：“王直向居海岛未尝亲身入犯，招之使来，量与一职，使之尽除海寇以自效。”十分明显，捕杀王直是不得人心的。

王直临死前预言："死吾一人，恐苦两浙百姓。"王直是明嘉靖时期徽州商人和东南海商的代表人物，也是东海枭雄中最具传奇色彩的一位人物。

4. 海盗王：陈祖义

明朝陈祖义祖籍广东潮州，明洪武年间，全家逃到南洋入海为盗。盘踞马六甲十几年，建立了迄今为止上世界最大的海盗集团，成员最鼎盛时期超过万人。战船近百艘。活动在日本、台湾、南海、印度洋等地。劫掠超过万艘以上的过往船只，攻陷过五十多座沿海城镇，南洋一些国家甚至向其纳贡。明太祖曾悬赏50万两白银捉拿他，当时明朝政府每年的财政收入也才1100万两，所以陈祖义成了有史以来悬赏金最高的通缉犯。后来，他逃到了三佛齐（今属印度尼西亚）的渤林邦国，在国王麻那者巫里手下当上了大将。

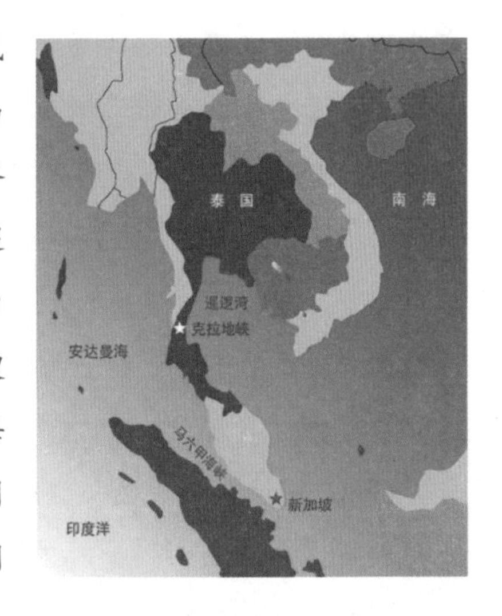

国王死后，他召集了一批海盗，自立为王，陈祖义成为了渤林邦国的国王。明永乐五年，他诈降郑和，郑和识破他阴谋，施巧计发动突然袭击，当场杀死海贼5000多人，并将陈祖义活捉。永乐五年（公地1407年）九月郑和回国，并把陈祖义押回朝廷，朱棣下令当着各国使者的面杀掉了陈祖义，并警示他人。

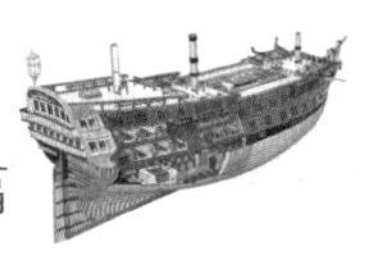

5. 明末“海上大王”：郑芝龙

郑芝龙，字日甲，福建南安县石井乡人，明末著名海盗兼大海商。在海上拼搏几十年，演出独具特色的三部曲：早年离乡背井闯世界；继而当海盗，兼营海商，亦商亦盗；最后由盗而官，亦商亦官。像他这样一身商、盗、官三种名份与经历的人，中国历史上实不多见。

郑芝龙从事海商活动范围广泛，从海上到陆地，从国内到国外，同葡萄牙人、西班牙人、荷兰人有过接触。在海外商业竞争中，他善于经商，大获其利，成为富可敌国的大海商。当海盗时，拥有千艘舰船与十万部众，入仕明王朝后控制各种海船万艘，能号集大海船三千艘，可称之为世界史上第一个船王。明末，郑芝龙率领武装船队纵横海上，冲击闭关锁国的明王朝，屡败官兵，击退荷兰殖民者几次入侵福建沿海，消灭其他海盗集团，统一海洋，威震东南海上；后入仕任海疆将官，“坐论海王，奄有数郡”，专制海滨，垄断海外贸易。

6. 纵横东南海上的福建海盗：蔡牵

蔡牵，福建同安县西浦乡人，出身贫苦，清乾隆五十九年（公元 1794 年），被迫出海为盗。至嘉庆时，部众发展至 2 万余人，大海船二百余艘，蔡牵纵横海上十五年，曾攻略台湾，称镇海威武王。

7. 中国女海盗郑石氏

在海盗黄金时期，最著名的中国海盗就是郑石氏。郑石氏出身妓院，1801年被海盗郑一劫持，郑一死后她成为当时最强权的女海盗船长。

最颠峰时期，郑石氏曾掌控一支拥有数百艘船的海盗舰队。1811年，郑石氏终于决定接受朝廷的招安。郑石氏等率领配备1200门火炮的270余艘船只、1.6万名部众向朝廷投降，被清政府授为千总。郑石氏最终做出降清的选择，即使在当时也受到很大的抵制。就在他准备出降时，海盗内部反对投降的队伍相当庞大，骂他中途变节，是叛逆的也不在少数。郑石氏投降后，她留在香港和东南亚的海盗追随者就有数万人，他们一直拒绝向朝廷投降。

历史铸就了那个时期的海盗是历史上最伟大的海盗，虽然他们干的是在世人眼中罪恶的勾当，但在他们身上我们同样也可以看到坚毅勇敢，甚至是温情人性的一面。这些几百年前纵横于海洋之上的凶徒们，留给我们的不仅是他们的传说和财富，而还有另一种闪光的东西。

在海盗退出历史舞台之后，历史上的“大航海时代”开始走向了末期。商会势力逐渐取代了原来的海盗集团，开始在历史上扮演另一种重要的角色。新兴的资本主义国家像荷兰和英国成为了新一代的海上霸主。在大陆的东方，随着葡萄牙敲开了日本的国门，日本对外政策尤其是对中国也开始起了明显的变化。倭寇的出现将中日这两个东方国家也迁入到海上势力竞争之中。然而，当资本主义开始在世界范围内大行其道的时候，“大航海时代”已经结束了，而历史也翻开了新的一页。

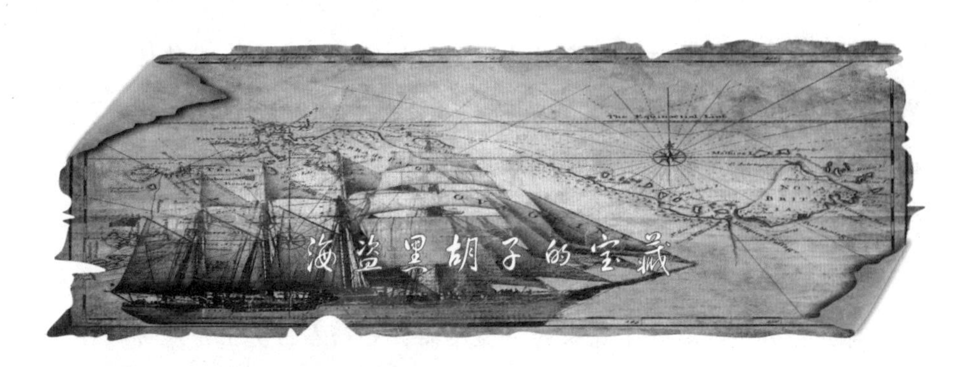

海盗黑胡子的宝藏

在1713年，“英西海战”以西班牙战败而告终。这一场战争使得大英帝国成了名副其实的海上霸主，它不仅拥有了海上贩卖奴隶的垄断权，而且还迫使西班牙将直布罗陀海峡拱手相让。此后，“三角贸易”开始兴起。它不仅使得很多人在短时间内变得非常富有，而且也为英国带来了源源不断的金钱。在这样的贸易氛围中，好多水手都变成了职业海盗，他们不仅抢劫别国的商船，而且还抢劫英国的船。于是，英国女王不得不下令禁止武装民对商船的进攻。就是在这种历史背景下，航海史上最为著名的海盗之一“黑胡子”开始了他惊心动魄的海盗生涯。

对黑胡子来说，1716年是他海盗事业的转折点。这一年，他开始跟随着著名的霍尼戈尔德船长当海盗，并当上了一艘小船的指挥官。黑胡子忠心耿耿地跟随了霍尼戈尔德船长几年之后，霍尼戈尔德船长送了黑胡子一件礼物——一艘荷兰建造的、非常豪华的、配有36门火炮的三桅帆船。这是霍尼戈尔德船长在加勒比海一带成功地抢掠的一艘非洲到美洲贩卖奴隶和运送珠宝的大商船。船上除了有数量众多的奴隶之外，还载满了金银珠宝。接过来这艘战斗力极强的帆船后，黑胡子从此另立门户，并将其命名为“复仇女王”号。

起初，黑胡子还是默默无闻，但是到了后来却一举成名。原来，

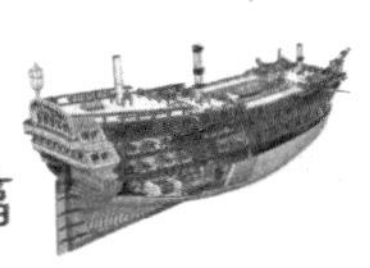

他指挥的“复仇女王”号和英国的皇家海军大战一场，使整个大西洋延安陷入了连皇家军队都无法确保安全的恐惧之中。黑胡子的这一疯狂举动是普通海盗所不敢做的，因为当时的海盗们都打着为女王服务的旗号。他们总是想尽一切办法避开大英帝国皇家海军，即便是狭路相逢，也尽量避免战争。然而，黑胡子却在出海直奔东海岸的应给以海防处，并明目张胆地在军港的港口抢劫了英国商船“爱伦”号。

在与皇家海军的大战中，黑胡子的自杀性攻击把英国皇家海军们吓得目瞪口呆、手足无措。毫无疑问，在这场战争中英国官兵死伤惨重。从此，黑胡子的名号响彻整个大西洋，来往船只听到这个名字无不望风而逃。正当人们被黑胡子吓得闻风丧胆之时，他却小时得无影无踪了，就连追捕他的英国海军也没有找到蛛丝马迹。

两年以后，黑胡子在人民忘记他的时候又开始悄悄地冒了出来。从此，南至洪都拉斯、北至弗吉尼亚之间的航线上所有的船只都成了

他劫掠的对象。在长达18个月的疯狂劫掠后，许多商船成了他的囊中之物，其战利品堆积如山。然后令人奇怪的是黑胡子在美国北卡罗来纳州的一些港口城市低价处理掉了他的战利品。

1718年，黑胡子率领四艘海盗船封锁了南卡罗来纳州首府查尔斯顿，并将港内的船只洗劫一空后放入了一把大火。对黑胡子来说，这次抢劫看成是他整个海盗生涯中最大胆的一次突袭。也正是在这次劫掠之后，黑胡子设下一条毒计除掉那些跟他出生入死的兄弟，独吞了战利品。

为了捉拿黑胡子，皇家海军派出了“里姆”号、“珍珠”号两艘战舰前去帮忙，并由罗伯特·梅纳德海军中尉担任这两艘战舰的指挥官。1718年秋天，狂欢醉酒的黑胡子被罗伯特·梅纳德一枪打中了肚子后被一群水兵打死，而且把他的头砍下来喂了鲨鱼。

黑胡子一死，他埋藏的财宝就成了好多人搜寻的目标。虽然黑胡子低价处理了很多战利品，但是他留下来的金银财宝不少。然而，黑胡子被打死后，士兵们搜遍了海盗船上所有可以隐藏财宝的地方却没有找到金银珠宝，只发现了11桶葡萄酒、145袋可可豆、1包棉花、1桶蓝靛，并没有找到金银珠宝。凡是被黑胡子抢劫过的商人船队都知道黑胡子拥有大量的金银财宝，不可能只有士兵们找到的那些东西。

然而没有人知道那些财宝究竟在哪里，黑胡子在死之前称宣称：除了他和魔鬼，没人能够找到他的藏宝地点。

此后，有关黑胡子的宝藏开始流传了无数种说法。于是，凡是与黑胡子有关的生活用品、住所都成为人们搜索的目标。多少年过去了，寻宝者们不得不承认黑胡子实在是太狡猾了，因为他没有留下任何线索，至于藏宝图就更不用说了。

海盗黑胡子很早就引起了考古学家们的注意，但是由于缺乏相关的资料，专家们一直没有半点收获。为了获得关于他生平的一些蛛丝马迹，专家们只能期望通过考古挖掘。根据英国、美国两国的媒体报道：为了寻找黑胡子海盗船的残骸，一个由考古学家、历史学家和水手组成的打捞队开始了寻宝之旅。但是，遗憾的是，他们和其他的打捞队一样，最后获得的微乎甚微。

1997年，一位美国潜水员在位于距离北卡罗来纳州海岸两百米的那个所谓的“飓风走廊”处发现了黑胡子沉没了200多年的“复仇女王”号的残骸。虽然寻宝者们期待着能够在水下捞出一批财宝，但是他们的愿望何时才能实现还是需要一定的时间的。

海底宝藏小百科

世界上最早的女海盗

让娜德·贝利维，史上第一位女海盗，用她的果敢和坚定，书写了航海史上传奇的篇章。

贝利维原本出身于布列塔尼的一个名门望族之家，她虽然从小接受贵族的传统教育，但她与别的大家闺秀不同，父母的宠爱并没有改变她天生的好动性格，她对闺房内的儿女之情不感兴趣，而喜爱刀枪，崇拜威风凛凛、风度翩翩的骑士。她时常同女伴们一起泛舟于英吉利海峡的广阔水面上。有时，她会全身披挂、手持刀枪同男孩子在海边一比高下，或者在海船上纵跳飞跃，持刃格斗；她表面文静，却性格刚烈，遇事果断，临危不惧。

1328年，法国加佩王朝的最后一位国王驾崩，因为没有后嗣，法国王室支裔华洛瓦家族的菲力普六世按照法律规定登上了法国国王的宝座，开始了华洛瓦王朝的统治。同法国隔海相望的英伦三岛的最高统治者英王爱德华三世是法王菲力普四世的外孙，他认为自己是法国国王的当然继承人，就向法国王室提出了由他来

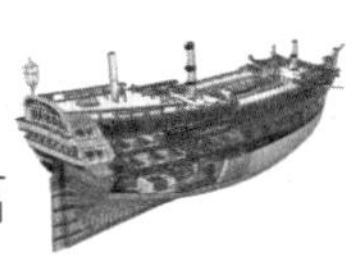

继承法国王位的要求，结果导致两国关系日趋恶化。

在贝利维出嫁的前两年，英法历史上赫赫有名的百年战争的硝烟已在法国领土上升腾弥漫。贝利维的丈夫克里松敏锐地感觉到，英王对法国王位的觊觎只不过是战争的导火索。

国际上的政治风云激化了法国内部的权力之争。当时贝利维的亲戚波恩契弗尔和莫恩佛尔姐弟俩都想承袭布列塔尼公爵的封号，两人剑拔弩张，各自在国际上寻找支持者，英王看到这场争夺对自己十分有利，就公开支持亲英的莫恩佛尔。

在这场政治赌博中，克里松把赌注下在了莫恩佛尔一边，成了莫恩佛尔的左右手。法王为剪除莫恩佛尔的党羽，阻止他承袭封号，便进行大搜捕，克里松等人纷纷入狱。

丈夫被捕入狱后，贝利维立即在上层社会中穿梭活动，希望依靠各种关系把丈夫营救出来，但法王对克里松恨之入骨，在极短的时间内就把他判处死刑。英王闻讯后立即派出密使去慰问贝利维，并邀请她到英国去居住。

贝利维怀揣着向法王复仇的决心，横渡英吉利海峡，驶向英伦三岛，寻机向法王进行无情报复。

此时此刻，甲板上的贝利维手捧着丈夫的“死刑判决书”，望着身边两个年幼的孩子，不禁泪如泉涌。突然，贝利维停止了哭泣，她以有力的动作将“死刑判决书”揉成一团，抛出船外，直到那随波上下浮动

的纸团消失在远方，她才把目光收回，然后把两个孩子紧紧搂在怀中，用颤抖的声音说："你们的父亲永远离开了我们，他将在另一个世界里同他的敌人进行战斗。而在这一个世界里的斗争将要由我们来进行。"

海风在呼啸，巨大的海浪冲击着贝利维的四桅帆船，世界上第一个女海盗贝利维就这样踏上了自己的悲壮航程。

贝利维一到英国，爱德华三世立即接见了她们母子。英王对她遭遇的不幸表示同情，答应满足她的一切要求，贝利维在感谢之余，提出了自己的要求：

"陛下，我是布列塔尼人，英吉利海峡自小就是我娱乐的场所，我听惯了海涛的吼声，也过惯了海上的生活。在我丈夫不幸去世后，我现在唯一的希望就是能在英吉利海峡扬帆疾驶，无情地打击法国的商船和战舰，惩罚那些给我和我的儿子带来终身不幸的人。请给我一支舰队吧，陛下，我将使我的敌人鬼哭狼嚎。"

"那就是说，你想去当海盗？"英王有些吃惊地问。

"也可以这么说。"贝利维答。

英王沉思片刻后断然说道："好，我给你三艘战舰！希望你好自为之。"

从此以后，贝利维便统帅着她的海盗舰队频频袭击法国的商船队，她把对法王的仇恨都发泄在那些无辜的商船身上。只要接舷钩钩住法国商船，贝利维便手持战斧率领勇猛强悍的部下跃立商船，战斧在空中飞

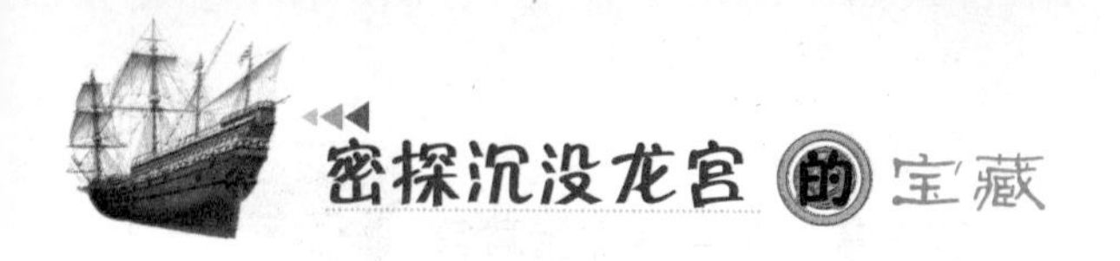

舞，鲜血洒满甲板，那些被杀死的法国人都成了她祭奠亡夫的供品。每当这时，她就伫立船头，遥望南天，抚慰丈夫的亡灵。然后，她指挥部下把敌人的尸首统统抛入海中，把货物连同船只全部运回英国。

贝利维不满足袭击商船，她还向法国的皇家战舰发动攻击，激战中，贝利维总是第一个杀上敌船，她手中的长柄战斧饱饮鲜血。舷战时，贝利维总爱围着一条鲜艳的头巾，对手望见她飘动的头巾总是不战自溃。

贝利维的海盗舰队给法国的商业活动带来了无法估算的巨大损失。法国商人谈起女海盗贝利维总是胆战心惊，贝利维几个字简直成了他们心目中死神的代名词，谁要是碰上了她，就意味着谁的生命将划上句号。在法国，她被人称为“英吉利海峡凶残的母狮”。